高职高专计算机任务驱动模式教材

Visual Basic程序设计

周剑敏 主编
袁芬 刘菁 赵强 副主编

清华大学出版社
北京

内 容 简 介

本书采用项目化“任务驱动式”教学设计方法，根据高职教育的特点，将 Visual Basic 程序设计知识的教学贯穿于项目化实训任务之中。全书分为 10 个项目近 40 个任务，分属程序入门、程序结构、人机交互界面编程、文件操作和数据库操作五大知识模块，涉及 Visual Basic 6.0 编程入门、界面设计、控件应用、事件、菜单设计、对话框设计、程序调试与错误处理、结构化查询语言 SQL、数据库编程、图形和多媒体应用以及 MSDN 应用等基本知识和技能。10 个项目的实训成果分别是 10 个软件，由简入繁，学习者将在编者的引导下，逐步掌握 Visual Basic 程序设计的基本工作流程，体验软件开发的过程，培养解决实际问题的能力。

本书编排了全新的内容，遵循了高职教育的基本规律，能培养学生的职业技能。本书适合职业院校计算机及相关专业作为培养学生软件编程技能的入门教材；书中的项目软件进行拓展完善后都有一定的实用价值，因此也可作为编程爱好者的参考用书。

图书在版编目(CIP)数据

Visual Basic 程序设计/周剑敏主编. —北京：清华大学出版社，2011.2
(高职高专计算机任务驱动模式教材)
ISBN 978-7-302-23731-0

Ⅰ. ①V…　Ⅱ. ①周…　Ⅲ. ①BASIC 语言—程序设计—高等学校：技术学校—教材
Ⅳ. ①TP312

中国版本图书馆 CIP 数据核字(2010)第 166940 号

责任编辑：张　景
责任校对：李　梅
责任印制：王秀菊
出版发行：清华大学出版社　　**地　　址**：北京清华大学学研大厦 A 座
http://www.tup.com.cn　　**邮　　编**：100084
社　总　机：010-62770175　　**邮　　购**：010-62786544
投稿与读者服务：010-62776969，c-service@tup.tsinghua.edu.cn
质 量 反 馈：010-62772015，zhiliang@tup.tsinghua.edu.cn
印 装 者：北京嘉实印刷有限公司
经　　销：全国新华书店
开　　本：185×260　**印　　张**：14.5　**字　　数**：328 千字
版　　次：2011 年 2 月第 1 版　**印　　次**：2011 年 2 月第 1 次印刷
印　　数：1～3000
定　　价：28.00 元

产品编号：033932-01

丛书编委会

出版说明

我国高职高专教育经过近十年的发展，已经转向深度教学改革阶段。教育部2006年12月发布了教高[2006]16号文件“关于全面提高高等职业教育教学质量的若干意见”，大力推行工学结合，突出实践能力培养，全面提高高职高专教学质量。

清华大学出版社为了进一步推动高职高专计算机专业教材的建设工作，适应高职高专院校计算机类人才培养的发展趋势，根据教高[2006]16号文件的精神，2007年秋季开始了新一轮教学改革的教材建设工作。

目前国内高职高专院校计算机网络与软件专业的教材品种繁多，但切合国家计算机网络与软件技术专业领域技能型紧缺人才培养培训方案并符合企业的实际需要、能够成体系的教材还不成熟。

我们组织国内对计算机网络和软件人才培养模式有研究并且有实践经验的高职高专院校，进行了较长时间的研讨和调研，遴选出一批富有工程实践经验和教学经验的双师型教师，合力编写了这套适用于高职高专计算机网络、软件专业的教材。

本套教材的编写方法是以任务驱动案例教学为核心，以项目开发为主线。我们研究分析了国内外先进职业教育的培训模式、教学方法和教材特色，消化吸收优秀的经验和成果。以培养技术应用型人才为目标，以企业对人才的需要为依据，把软件工程和项目管理的思想完全融入教材体系，将基本技能培养和主流技术相结合，课程设置中重点突出、主辅分明、结构合理、衔接紧凑。教材侧重培养学生的实战操作能力，学、思、练相结合，旨在通过项目实践，增强学生的职业能力，使知识从书本中释放并转化为专业技能。

一、教材编写思想

本套教材以案例为中心，以技能培养为目标，围绕开发项目所用到的知识点进行讲解，对某些知识点附上相关的例题，以帮助读者理解，进而将知识转变为技能。

考虑到是以“项目设计”为核心组织教学，所以在每一学期配有相应的实训课程及项目开发手册，要求学生在教师的指导下，能整合本学期所学的知识内容，相互协作，综合应用该学期的知识进行项目开发。同时在教材中采用了大量的案例，这些案例紧密地结合教材中的各个知识点，循序渐进，由浅入深，在整体上体现了内容主导、实例解析，以点带面的模式，配合课程后期以项目设计贯穿教学内容的教学模式。

软件开发技术具有种类繁多、更新速度快的特点。本套教材在介绍软件开发主流技术的同时，帮助学生建立软件相关技术的横向及纵向的关系，培养学生综合应用所学知识的能力。

二、丛书特色

本系列教材体现目前的工学结合教改思想，充分结合教改现状，突出项目面向教学和任务驱动模式教学改革成果，打造立体化精品教材。

（1）参照或吸纳国内外优秀计算机网络、软件专业教材的编写思想，采用本土化的实际项目或者任务，以保证其有更强的实用性，并与理论内容有很强的关联性。

（2）准确把握高职高专软件专业人才的培养目标和特点。

（3）充分调查研究国内软件企业，确定了基于 Java 和.NET 的两个主流技术路线，再将其组合成相应的课程链。

（4）教材通过一个个的教学任务或者教学项目，在做中学，在学中做，以及边学边做，重点突出技能培养。在突出技能培养的同时，还介绍解决思路和方法，培养学生未来在就业岗位上的终身学习能力。

（5）借鉴或采用项目驱动的教学方法和考核制度，突出计算机网络、软件人才培训的先进性、工具性、实践性和应用性。

（6）以案例为中心，以能力培养为目标，并以实际工作的例子引入概念，符合学生的认知规律。语言简捷明了、清晰易懂、更具人性化。

（7）符合国家计算机网络、软件人才的培养目标；采用引入知识点、讲述知识点、强化知识点、应用知识点、综合知识点的模式，由浅入深地展开对技术内容的讲述。

（8）为了便于教师授课和学生学习，清华大学出版社正在建设本套教材的教学服务资源。在清华大学出版社网站（www.tup.com.cn）免费提供教材的电子课件、案例库等资源。

高职高专教育正处于新一轮教学深度改革时期，从专业设置、课程体系建设到教材建设，依然是新课题。希望各高职高专院校在教学实践中积极提出意见和建议，并及时反馈给我们。清华大学出版社将对已出版的教材不断地修订、完善，提高教材质量，完善教材服务体系，为我国的高职高专教育继续出版优秀的高质量的教材。

清华大学出版社

高职高专计算机任务驱动模式教材编审委员会

rawstone@126.com

序

教材是根据课程标准而编写的，而课程又是根据专业培养方案而设置的，高职专业培养方案是以就业为导向，基于职业岗位工作需求而制订的。在高职专业培养方案的制订过程中，必须遵照教育部教高[2006]16号文件的精神，体现工学结合人才培养模式，重视学生校内学习与实际工作的一致性。制订课程标准，高等职业院校要与行业企业合作开发课程，根据技术领域和职业岗位(群)的任职要求，参照相关的职业资格标准，改革课程体系和教学内容。在教材建设方面，应紧密结合行业企业生产实际，与行业企业共同开发融“教、学、做”为一体，强化学生能力培养的实训教材。

教材既是教师教的依据，又是学生学的参考。在教学过程中，教师与学生围绕教材的内容进行教与学。因此，要提高教学质量必须有一套好的教材，赋之于教学实施。

高等职业技术教育在我国仅有10年的历史，在专业培养方案制订、课程标准编制、教材编写等方面还都处于探索期。目前，高职教育一定要在两个方面下工夫，一是职业素质的培养；二是专业技术的培养。传统的教材，只是较为系统地传授专业理论知识与专业技能，大多数是从抽象到抽象，这种教学方式高职院校的学生很难接受，因为高职学生具备的理论基础与逻辑思维能力，远不及本科院校的学生，因此传统体系的教材不适合高职学生的教学。

认识的发展过程是从感性认识到理性认识，再由理性认识到能动地改造客观世界的辩证过程。一个正确的认识，往往需要经过物质与精神、实践与认识之间的多次反复。“看图识字”、“素描临摹”、“师傅带徒弟”、“工学结合”都是很好的学习模式，因此以案例、任务、项目驱动模式编写的教材会比较适合高职学生的学习，让学生从具体认识，到抽象理解，边做边学，体现“做中学、学中做”，不断循环，从而完成职业素养与专业知识和技能的学习，尤其在技能训练方面得到加强。学生在完成案例、任务、项目的操作工作中，掌握了职业岗位的工作过程与专业技能，在此基础上，教师用具体的实例去讲解抽象的理论，显然是迎刃而解。

清华大学出版社与杭州开元书局共同策划的“高职高专计算机任务

驱动模式教材”，就是遵照教育部教高[2006]16 号文件精神，综合目前高职院校信息类专业的培养方案、课程标准，组织有多年教学经验的一线教师进行编写。教材以案例、任务、项目为驱动模式，结合最前沿的 IT 技术，体现职业素养与专业技术。同时，充分考虑教学目标、教师、学生、实训条件，从而使教材的结构与内容适合教师能教、学生能学、实训条件能满足，真正成为高等职业技术教育的合理化教材，以推动高职教材改革和创新的发展。

在教学实施过程中，以案例、任务、项目为驱动已经得到教师与学生的认可，但用教材进行充分体现尚属于尝试阶段。清华大学出版社与开元书局在这方面进行了大胆的开拓，无疑为高职教材建设提供了良好的展示平台。

任何新生事物都有其优点与缺点，但要看事物的总体发展方向。经过不断的完善和高职教育战线上同仁们的支持，相信在不久的将来会涌现出一批符合高职教育的系列化教材，为提高高职教学质量、培养出合格的高职专业人才做出贡献。

温州职业技术学院计算机系主任

浙江省高职教育计算机类专业指导委员会副主任委员

李永平

前言

Visual Basic 简称 VB，是应用较为广泛的编程语言之一，特别适合于商务及管理软件的开发，也广泛用于处理实际问题的实用小程序的编写。随着多媒体技术和网络技术的发展，VB 又因为其简单而又可视化的开发模式、众多可交流的控件应用，而被大量用于多媒体及网络软件的开发中。

VB 接近于自然语言的编程语句语法特点是该高级语言被广泛使用的主要原因之一，因此 VB 成为编程入门者的首选学习工具。

本书通过多个生动实用的编程实例，引导学生由简入繁地完成 VB 的入门学习。让学生能在每个项目完成后体会到成功的喜悦，以激发其深入学习的兴趣。

本书共提供了 10 个编程项目，每个项目划分系列任务，每个项目和任务都有明确的实训和学习目标。编者力求用简捷的程序代码，将 VB 程序设计的知识点融入其中，同时在每个任务目标之后扼要地提出设计思路，以训练学生的编程思维能力。

本书在每个任务之后都安排有任务作业，这些作业是基于任务内容的拓展，目的是巩固所学知识，拓展学生的思维空间，让学生学习用 VB 编程解决实际问题。这些作业作为本书内容的补充，不可忽略。

本书的各个项目分属 5 个模块内容。

(1) VB 程序入门

内容包括“项目 1 文本编辑程序设计”和“项目 2 ‘打地鼠’游戏编程”。目的是通过简单的程序设计引导学生熟悉 VB 编程环境，初步掌握常用控件的使用、编程，熟悉 VB 编程语言的特点，开始培养良好的编程习惯。

(2) VB 程序结构

内容包括“项目 3 简易计算器”和“项目 4 身份证信息分析处理软件编程”。目的是通过编程训练，一方面深入学习顺序结构、循环结构及选择结构等 VB 程序结构，另一方面学习如何通过 VB 程序解决实际应用问题。

(3) VB 人机交互界面编程

内容包括“项目 5 看图软件制作”和“项目 6 拼图游戏开发”。目的是通过应用程序的编程，学习应用软件开发过程中菜单、对话框等人机交互界面的编程运用。

(4) VB 文件操作

内容包括“项目 7 简单成绩管理系统编程”和“项目 8 文字编辑软件编程制作”。目的是学习 VB 编程环境中文件操作的基本方法，利用文件操作来进行数据存储和信息处理。

(5) VB 数据库编程

内容包括“项目 9 个人数字助理软件编程”和“项目 10 学生信息管理系统软件编程”。目的是学习 VB 数据库处理编程的知识。尤其是项目 10 是一项系统性开发项目，内容较完整，能让学生体验到软件开发的主要过程，体验软件工程学相关知识。

本书是编者多年 VB 软件开发经验和教学经验的总结，以培养学生能力素养为主要目的。本书内容虽然没有涵盖 VB 编程知识的方方面面，没有在文中提供面面俱到的纯基础知识、理论知识和书面练习，但在内容组织和编排上采取“做什么”—“怎么做”—“做得更好”的“做中学”的教学模式，将对解决实际问题的编程能力的培养放在第一位，按照软件开发的基本过程训练学生分析需求、解决问题的能力，逐步培养学生专业岗位的适应能力，养成良好的编程习惯，符合高职教育的特点。

本书在每个项目和任务中都提出了明确的教学目标和学习目的，给出了解决问题的思路，并在实训过程中通过“编程技巧”适时提供学习指导，不仅便于教师实施教学过程，还适用于读者进行自主学习。

为方便初学者学习，本书提供了全部实训源代码，可在清华大学出版社网站上检索下载，用于参考学习。

本书的编写得到了有关院校及老师们的支持和帮助，浙江长征职业技术学院袁芬编写了项目 1 和项目 3，浙江经济职业技术学院刘菁编写了项目 7 和项目 8，嘉兴职业技术学院赵强编写了项目 9 和项目 10，浙江国际海运职业技术学院周剑敏编写了项目 2、4、5、6。全书由周剑敏统稿。

本书作者在编写中投入了极大的热情，进行了精心的设计，但因为能力有限，难免存在不足之处，敬请读者批评指正。

编　者

2011 年 1 月

目　录

项目 1　文本编辑程序设计 ………………………………………… 1

任务 1.1　必备知识与理论 ………………………………………… 1

1.1.1　VB 6.0 基础开发环境简介 …………………………… 1

1.1.2　VB 6.0 的启动与退出 ………………………………… 2

1.1.3　VB 6.0 的基础开发环境 ……………………………… 3

1.1.4　可视化编程的概念 …………………………………… 3

1.1.5　工程管理 ……………………………………………… 4

1.1.6　VB 6.0 出错处理 ……………………………………… 7

1.1.7　MSDN 的使用 ………………………………………… 9

任务 1.2　简单文本编辑器设计 ………………………………… 11

任务 1.3　文本编辑器的完善 …………………………………… 14

项目 2　“打地鼠”游戏编程 ……………………………………… 20

任务 2.1　必备知识与理论 ……………………………………… 20

2.1.1　VB 数据类型与常量 ………………………………… 20

2.1.2　VB 变量及作用域 …………………………………… 22

2.1.3　VB 的保留字 ………………………………………… 25

2.1.4　VB 程序调试 ………………………………………… 25

任务 2.2　“打地鼠”主程序编程 ………………………………… 28

2.2.1　任务情景描述 ……………………………………… 29

2.2.2　设计思路 …………………………………………… 29

2.2.3　实训内容 …………………………………………… 29

任务 2.3　“打地鼠”游戏的完善 ………………………………… 32

任务 2.4　为“打地鼠”游戏添加背景音乐 ……………………… 34

项目 3　简易计算器 ……………………………………………… 37

任务 3.1　必备知识与理论 ……………………………………… 37

3.1.1　VB 运算符和表达式 ………………………………… 37

3.1.2　VB 程序控制结构 …………………………………… 38

任务 3.2　简易计算器的编程 …………………………………… 42

任务 3.3 简易计算器的完善 …… 45

项目 4 身份证信息分析处理软件编程 …… 47

任务 4.1 必备知识与理论 …… 47
4.1.1 VB 函数及调用方法 …… 47
4.1.2 VB 过程及调用 …… 49
4.1.3 内部函数 …… 52
4.1.4 数组与控件数组 …… 55
4.1.5 VB 基本控件——列表框 …… 59
4.1.6 VB 基本控件——组合框 …… 61
4.1.7 VB 排序算法 …… 62
4.1.8 函数(过程)的递归调用 …… 67
任务 4.2 身份证号码有效性检验程序编程 …… 68
任务 4.3 身份证号码有效性检验程序的人机交互界面优化 …… 72
任务 4.4 身份证信息分析处理软件编程 …… 74

项目 5 看图软件制作 …… 78

任务 5.1 必备知识与理论 …… 78
5.1.1 VB 菜单编辑 …… 78
5.1.2 VB 文件操作控件 …… 80
5.1.3 滚动条控件 …… 84
5.1.4 VB 图片控件支持的图形文件 …… 85
任务 5.2 看图软件编程 …… 86
任务 5.3 带缩放功能的看图软件编程 …… 89

项目 6 拼图游戏开发 …… 93

任务 6.1 必备知识与理论 …… 93
6.1.1 VB 控件拖放操作 …… 93
6.1.2 键盘相关编程知识 …… 96
6.1.3 鼠标相关编程知识 …… 103
任务 6.2 拼图游戏主界面及相关程序设计 …… 108
任务 6.3 拼图游戏软件的拓展编程 …… 113

项目 7 简单成绩管理系统编程 …… 118

任务 7.1 必备知识与理论 …… 118
7.1.1 目录和文件操作语句 …… 118
7.1.2 传统的 I/O 语句和函数 …… 119
任务 7.2 简单成绩管理系统软件设计 …… 124

任务 7.3 采用随机文件的学生成绩管理系统编程设计 …… 131
任务 7.4 学生成绩管理系统打印功能编程设计 …… 135

项目 8 文字编辑软件编程制作 …… 139

任务 8.1 必备知识与理论 …… 139
8.1.1 RichTextBox 控件 …… 139
8.1.2 图像列表控件、工具栏控件和状态栏控件 …… 141
任务 8.2 文字编辑软件的开发与编程 …… 145
任务 8.3 带工具栏的文字编辑软件编程 …… 150

项目 9 个人数字助理软件编程 …… 158

任务 9.1 必备知识与理论 …… 158
9.1.1 DAO、RDO、ODBC 和 ADO …… 158
9.1.2 Data 控件 …… 160
任务 9.2 "个人数字助理"软件开发 …… 162
任务 9.3 "个人数字助理"人机交互界面的完善 …… 173
任务 9.4 "个人数字助理"状态栏设计与应用 …… 174

项目 10 学生信息管理系统软件编程 …… 178

任务 10.1 必备知识与理论 …… 178
10.1.1 SQL 常用语句 …… 178
10.1.2 多种数据库访问技术实例 …… 179
任务 10.2 学生信息管理系统开发设计——数据结构、界面设计 …… 183
任务 10.3 课程信息录入子界面的设计及编程 …… 189
任务 10.4 考试类别录入子界面的设计及编程 …… 193
任务 10.5 学生信息录入子界面的设计及编程 …… 198
任务 10.6 学生选课子界面的设计及编程 …… 203
任务 10.7 学生成绩录入子界面的设计及编程 …… 211

参考文献 …… 216

项目1　文本编辑程序设计

项目目的

通过该项目的实训，要求学生熟悉VB编程环境；掌握文本框、按钮、单选按钮等控件的使用方法及相关属性、事件、方法的编程；熟悉Windows剪贴板的编程；了解信息对话框的使用方法；初步掌握VB编程一些基本要求，逐步培养良好的编程习惯。

项目要求

基本要求：开发一个简单的文本编辑器演示程序，实现两个文本框之间文本的输入、复制、剪切和粘贴功能。

拓展要求：为文本编辑器演示程序添加设置字体、字号的功能，利用Windows剪贴板实现文本编辑的高级操作。

任务1.1　必备知识与理论

【任务目标】

1. 熟悉VB基础开发环境。
2. 理解可视化编程的概念。
3. 掌握VB工程管理的方法。
4. 了解VB出错处理技术。
5. 掌握MSDN的安装与使用。

1.1.1　VB 6.0基础开发环境简介

VB语言是Microsoft公司在BASIC语言的基础上推出的可视化开发工具。它是在Windows操作平台下设计应用程序的一个最简捷的工具，是一种通用的入门程序设计语言。BASIC语言是计算机技术发展历史上应用最为广泛的一种语言，具有面向普通使用者和易学易用的优点。Visual的英文原意是“可视的”，在这里是指开发图形用户界面(GUI)的方法，即“可视化程序设计”。所以VB是基于BASIC的可视化的程序设计语言。目前，中文VB 6.0是我国使用最多的一个版本。

VB 6.0包括以下3个版本，这些版本是在相同的基础上建立起来的，以满足不同层次的用户需要。

(1) 学习版：它是 VB 6.0 的基础版本，包括所有的内部控件，适用于初学者，可以使编程人员很容易地开发 Windows 和 Windows NT 的应用程序。

(2) 专业版：它主要是为计算机专业编程人员提供的功能完备的开发工具，除具有学习版的全部功能外，还包括 ActiveX 和 Internet 控件开发工具之类的高级特性。

(3) 企业版：它是 VB 6.0 的最高版本，除具有专业版的全部功能外，还包括一些特殊的工具。它允许专业人员以小组形式创建强大的分布式应用程序，包括专业版的所有特性。

本书使用的是中文 VB 6.0 企业版，但介绍的内容与版本基本无关，如果屏幕显示的内容与所用系统不同，那就是版本不同的缘故。

1.1.2 VB 6.0 的启动与退出

1. 启动 VB

启动 VB 与启动其他 Windows 程序一样。启动 VB 6.0 的步骤如下。

(1) 单击 Windows 任务栏中的“开始”按钮，从“程序”组中选择其中的“Microsoft Visual Basic 6.0 中文版”选项，启动 VB 6.0。

(2) 启动 VB 6.0 后，首先显示“新建工程”对话框，如图 1-1 所示。

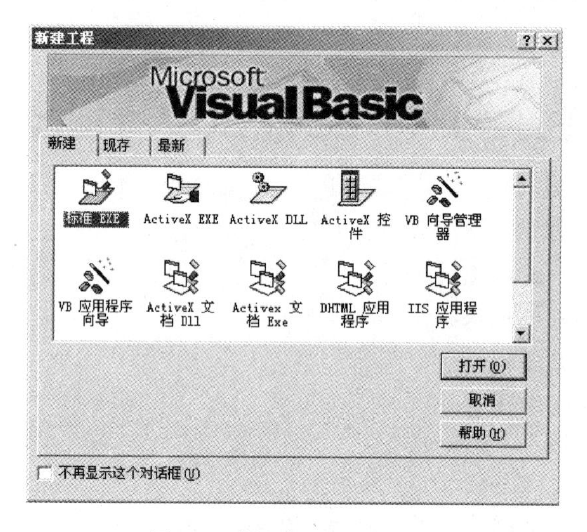

图 1-1 “新建工程”对话框

(3) 系统默认为“新建”选项卡中的“标准 EXE”选项。双击“新建”选项卡中的“标准 EXE”选项，或直接单击“打开”按钮，进入 VB 的集成开发环境。

在集成开发环境中集中了许多不同的功能，如程序设计、编辑、编译和调试等。这也是 VB 与其他传统开发工具的一个不同点。

2. 退出 VB

如果要退出 VB 6.0，可单击 VB 窗口的“关闭”按钮，或选择“文件”→“退出”命令，VB 会自动判断用户是否修改了工程的内容，并询问用户是否保存文件或直接退出。

1.1.3　VB 6.0 的基础开发环境

VB 6.0 集成开发环境除了具有标准 Windows 环境的标题栏、菜单栏、工具栏外，还有工具箱、属性窗口、工程管理器窗口、窗体设计器、立即窗口、窗体布局窗口等有用的开发工具。

1.1.4　可视化编程的概念

VB 提供了面向对象的程序设计方法，将程序和数据封装起来作为一个对象，并为每个对象赋予属性。每个对象以图形的方式显示在设计界面上，用户只要设置对象的操作类型及事件过程即可。

1. 对象

在现实生活中，不同的物体可以被看做不同的对象，不同的对象有着不同的属性，不同对象对同一种操作可以有不同的响应。在 VB 中，窗体和控件被统称为对象。用户既可以利用控件创建对象，也可以自行设计对象。从这个意义上说，对象是应用程序中具有特殊属性的基本实体，包括了按某种结构存储的数据（属性）、作用于对象的操作（方法）和对象的响应（事件）。在开发一个应用程序时，必须先建立对象，然后围绕对象进行程序设计。

2. 类

在 VB 中的每个对象都是用“类”定义的，“类”是对同一种对象的抽象，是对同种对象所具有共性的提取。例如，虽然奔驰轿车和奥迪轿车的颜色、款式等各不相同，但都可以被列为“车”类，因为它们有着共性。同样，VB 工具箱中的 TextBox 控件代表着文本类，利用该控件创建的文本对象则可看做是该类的复制品，它们具有一组由类定义的公共特征和功能，即属性、方法和事件。

3. 属性

属性用以描述对象的特征，表象为特征值。也就是说，可以通过改变对象的属性值来改变对象的特征，例如，改变对象的颜色、大小等。一个对象具有很多属性，常用的有名称、标题、大小、位置、颜色等。不同的对象可以有不同的属性，也可以有相同种类的属性，如命令按钮具有标题属性而文本框不具有，但命令按钮和文本框都具有名称属性。

在 VB 中可以在属性窗口中设置一个对象的属性值，也可以在运行时通过代码来设置或返回对象的属性值。在代码中引用一个对象的属性可以用以下格式：

[＜对象名＞.]＜属性名＞

其中，＜对象名＞可以指定引用哪个对象的名称，＜属性名＞用以指定引用该对象的哪个属性。如 Text1. Text 是指引用文本框控件 Text1 的文本属性 Text。<对象名>有时可以省略,省略时默认为当前窗体对象。

在代码中设置一个对象的属性格式如下：

[<对象名>.]<属性名>=<属性值>

4. 方法

方法是一个对象可执行的动作,是对象所具有的特定功能和用法,是对象本身所包含的一些特殊函数和过程。当用户实现某种功能,而该对象又提供了实现相应功能的过程代码,这时用户只需调用这些过程,即调用方法,而无须自己编程。调用一个对象的方法的格式如下：

[<对象名>.]<方法名>[<参数>]

其中,<对象名>可以指定引用哪个对象的名称,<方法名>用以指定调用该对象的哪个方法,<参数>可以指明在调用该对象的方法时所传递的参数。例如：

Text1. SetFocus 表示调用文本框的 SetFocus 方法来获取焦点。

Form1. Circle (2 000,2 000),500 表示调用窗体的 Circle 方法在窗体上绘制一个半径为 500 的圆。

一个对象具有哪些方法是由对象本身决定的,当对象具有某种方法时,称该对象支持该方法。

5. 事件

事件是指在对象中预先设置好的,能够被该对象识别并响应的动作。如对象的单击事件(Click)是指该对象能够识别和响应用户对该对象的单击动作。对象响应某个事件会执行什么操作,要由一段程序代码来实现,这样的一段代码就称为事件过程。在 VB 的可视化编程环境中,系统会自动给出事件过程的结构,至于其中的代码则需要程序设计人员自行编写,以实现所需要的功能。

对象能发生多少事件完全由该对象决定,一个对象可以拥有多个事件,不同的对象能够识别不同的事件。

事件过程的一般格式：

```
Private Sub 对象名称_事件名称()
   (事件过程的内容,完成某一个特定功能的程序段由编程人员编写)
End Sub
```

1.1.5 工程管理

1. 工程开发特点

VB 语言是一种面向对象、事件驱动的可视化程序设计工具。它使任何一个对程序设计有兴趣的人都可以掌握编程的方法，开发出有用的应用程序。

(1) 可视化程序设计

VB 语言采用所见即所得的可视化程序设计方法，只需要使用预先建立的控件，把需要的控件拖动放置到窗体上相应位置，即可方便地设计出图形用户界面外观。这样，用户可以不用为了设计界面外观而编写大量程序代码，用户的编程工作仅限于编写事件驱动对象后所完成任务的程序。VB 语言使程序设计成为一种享受。

(2) 事件驱动

VB 的重要特点是事件驱动机制。在过程化的程序中，程序按照预定的路径执行，必要时调用过程。而在事件驱动的程序中，不是完全按照预定的路径来执行的，而是在响应不同的事件时执行不同的代码。换句话说，在事件驱动的机制下，什么时候执行什么代码，主要是由用户决定而不是程序本身决定的。这样在事件驱动的程序设计中，程序员只要在某个事件中编写代码，规定当该事件被触发时应执行什么样的操作就可以了，至于程序何时执行这个事件过程则由用户决定。

2. 工程组成

VB 以 ASCII 格式保存工程文件(.vbp)。工程是用来建造应用程序的文件的集合。工程文件包括了工程中设置项目的信息，包括工程中的窗体和模块、引用以及为控制编译而选取的各种选项。

开发应用程序时，使用工程来管理构成应用程序的所有不同的文件。在 VB 的 IDE 环境中，可以通过工程资源管理器窗口浏览工程中的文件列表，并进行工程属性的设置。工程资源管理器窗口如图 1-2 所示。

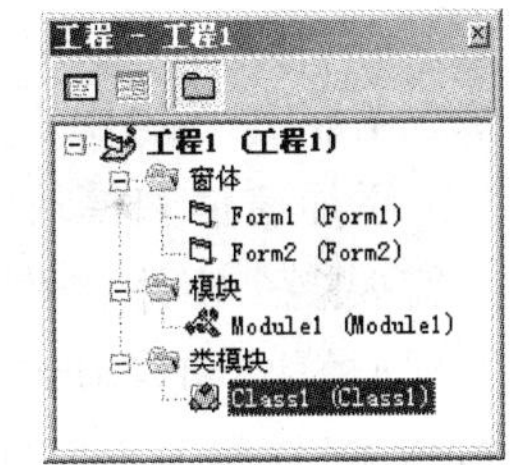

图 1-2 工程资源管理器窗口

在一个工程中，通常包括的文件类型有以下几种。

(1) 一个用于跟踪所有部件的工程文件

工程文件(.vbp)是与工程有关的全部文件和对象的清单以及所设置的环境选项方面的信息。每次保存工程时，这些信息都要被更新。所有这些文件和对象可供其他工程共享。

通过双击一个现存工程的图标，或选择“文件”→“打开工程”命令，或拖动文件放入工程资源管理器窗口，可以打开这个工程文件。

(2) 窗体文件

每个窗体对应一个窗体文件(.frm)，窗体文件包括窗体及其控件的文本描述以及属性设置。窗体文件也含有窗体级的常量、变量、外部过程的声明、事件过程和一般过程。窗体文件可以在任意的文本编辑软件中打开，一般在 VB 的 IDE 中设计和修改窗体文件。

(3) 标准模块文件

标准模块文件(.bas)一般包含类型、常量、变量、过程的公共或模块级的声明。

(4) 类模块文件

类模块文件(.cls)与窗体模块文件类似，只是没有可见的用户界面。可以使用类模块创建含有方法和属性代码的自定义对象。

(5) 资源文件

资源文件(.res)包含无须重新编辑代码便可以改变的位图、字符串和其他数据。如果计划用一种外语将应用程序本地化,可以将用户界面的全部字符串和位图存放在资源文件里,然后将资源文件本地化。一个工程中最多包含一个资源文件。

(6) 包含 ActiveX 控件的文件(.ocx)

(7) 窗体的二进制数据文件(.frx)

当窗体或控件含有二进制属性数据(如图片或图标等信息)时,文件自动产生,是不可编辑的文件。

3. 创建工程

(1) 创建工程

每一次运行 VB 在主窗口显示后,VB 都将启动"新建工程"对话框,如图 1-1 所示。

在"新建工程"对话框的"新建"选项卡中,显示了可以新创建的工程的类型,单击一个图标后再单击对话框中的"打开"按钮或直接双击一个图标就可以创建一个所选类型的工程。工程的类型决定了工程被编译后生成的文件类型和格式。

创建一个新工程也可以选择"文件"→"新建工程"或"添加工程"命令,使用这两个命令后显示的对话框与启动 VB 显示的"新建工程"对话框中"新建"选项卡的内容相似,使用方法也相同。但这两个命令是有区别的,使用"新建工程"命令创建一个新工程后会关闭已经打开的工程或工程组;使用"添加工程"命令创建工程后不会关闭现有的工程或工程组,而是与现有的工程(如果原来打开的是一个工程而不是工程组)形成一个工程组或添加到已有的工程组中。

(2) 添加窗体和模块

对需要多个窗体和其他代码模块的工程,可选择"工程"→"添加窗体"、"添加 MDI 窗体"、"添加模块"和"添加类模块"命令为工程添加窗体和模块。

窗体、模块和工程一样也有不同的类型,因此同样需要在这些命令打开的对话框中,选择窗体和模块的类型。

(3) 保存工程

在用 VB 开发软件时要注意随时保存工程,这样既可以防止因意外造成数据丢失,也可以在下一次开机重新运行 VB 后打开这个工程继续进行设计和修改工作。选择"文件"→"保存工程"命令或单击工具栏中的"保存"按钮,把在集成开发环境中打开的工程或工程组的所有内容进行存盘。

(4) 打开工程

打开一个保存在磁盘上的工程或工程组,可以选择"文件"→"打开工程"命令,或单击工具栏中的"打开工程"按钮或按 Ctrl+O 键,使用这些方法后,将弹出"打开工程"对话框,选择相关文件。

(5) 删除工程

选择"文件"→"移除工程"命令可以从一个工程组中删除一个工程。

(6) 编译工程

编译工程之前一定要先输入程序代码、运行程序，程序运行无错误后才能进行编译工作。

1.1.6　VB 6.0 出错处理

1. 程序错误种类

程序设计中常见的错误可分为 3 种：编译错误、逻辑错误和运行时的错误。

(1) 编译错误

编译错误是在编译过程中产生的错误，一般是由于书写的代码不符合语法要求而产生的。

在程序中要求使用的变量必须进行强制类型声明的，当使用一个未声明的变量时，将出现编译错误的提示。程序代码如下。

```
Option Explicit
Private Sub Form_Load()
    A='15
End Sub
```

运行程序，将弹出如图 1-3 所示的错误提示信息。

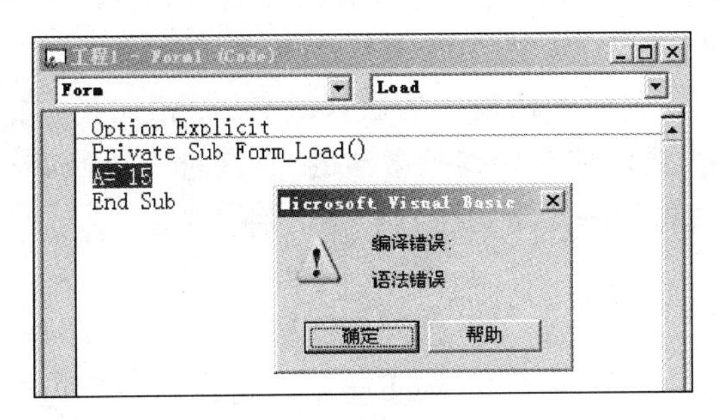

图 1-3　编译错误对话框

VB 的 IDE 环境可提供自动检测语法错误的功能。要使用该功能，选择"工具"→"选项"命令，在"编辑器"选项卡中选中"自动语法检测"复选框。编制程序时，只要在代码窗口中输入的语句中有语法错误，VB 就会立即显示错误消息窗口，同时错误代码行显示为红色。

(2) 逻辑错误

逻辑错误指程序的运行未按预期方式执行，主要原因是设计时考虑问题不周全或逻辑错误，使程序无法提供预期的结果。从语法角度看，应用程序的代码是有效的。应用程序运行的正确与否只有通过测试应用程序和分析产生的结果才能检验出来。

如判断有效的成绩，应该为 0 到 100 之间，成绩以变量 x 表示，满足条件的逻辑表达式为 x>=0 And x<=100，但在设计程序时，将表达式写为 x>=0 Or x<=100。第二

个表达式为永真式，判断录入成绩有效性的功能将不会实现。

(3) 运行时的错误

应用程序在运行期间，一条语句试图执行一个不能执行的操作时，就会发生运行时的错误。

例如，程序提供除法的功能，用户只要输入两个数，程序就可将运算结果显示出来。当除数为 0 时，程序进行除数为 0 的运算，就会产生运行时的错误。

又如，程序中提示用户在可移动存储设备(如光驱)中放入密码存储介质(如加密光盘)，程序只有读取到需要的信息后才能进行下一步的操作。但由于用户的原因，并未提供该存储介质，这时程序就将发生运行时的错误。

从上面的两个例子来看，有些运行时的错误是可以避免的，如除数为 0 的运算，执行前判断除数的值，为 0 时不执行除法运算；而有些运行时的错误是可以预料，但无法避免的，如第二个例子，这时就必须使用 VB 提供的错误处理机制，避免程序因出错不能继续执行。

2. 错误处理

错误处理程序是应用程序中捕获和响应错误的例程。对于预感可能会出错的任何过程，均要添加错误处理程序。设计错误处理程序包括以下 3 步。

(1) On Error 语句激活捕获并指引应用程序到标记着错误处理例程开始的标号处。

(2) 编写错误处理例程，对所有能预见的错误都作出响应。

(3) 退出错误处理例程。

VB 执行 On Error 语句时激活错误捕获，On Error 语句指定错误处理程序。当包含错误捕获的过程活动时，错误捕获始终是激活的，直到过程执行 Exit 或 End 语句，错误捕获才停止。On Error 语句的语法结构包括以下 3 种。

(1) On Error Goto 标号

启动错误处理程序，如果发生一个运行时的错误，应用程序会跳到标号表示的行，激活错误处理程序。指定的行号必须与 On Error 语句在同一个过程中。在错误未发生的时候，为了防止错误处理程序代码运行，在错误处理程序的前面写入 Exit 语句。错误处理程序代码在 Exit 语句之后、End 语句之前。

错误处理程序依靠 Err 对象的 Number 属性值来确定错误发生的原因。Err 对象中的属性值只反映最近发生的错误。Err.Description 中包含有与 Err.Number 相关联的错误信息。

如果在错误处理程序运行期间又发生错误，将无法处理新的错误，会导致显示错误信息并中止应用程序的运行。

(2) On Error Resume Next

On Error Resume Next 语句会使程序从产生错误处的下条语句继续执行。这个语句可以使应用程序不理会运行时的错误，继续执行后面的操作。

还是以访问可移动存储设备中的文件为例，可以在同一应用程序界面中设置两个按钮，一个按钮对应事件过程中包含错误处理代码，另一个按钮没有。

在“无错误处理”按钮的单击事件过程中，将检查可移动存储设备中文件是否存在，程序代码不变。

在“内含错误处理”按钮的单击事件过程中，也是检查可移动存储设备中的文件，但使用 On Error Resume Next 语句，若出错即执行下一条语句，并未设计不同的错误处理代码。

```
Private Sub cmdInline_Click()
    Dim Msg As String
    On Error Resume Next
    Dir txtFile.Text '检查路径或文件是否存在
    MsgBox "程序正常运行"
End Sub
```

运行程序，可发现两个按钮的根本区别在于：当存在错误时，第一个按钮会使应用程序中止，而第二个按钮可使程序继续执行下面的部分。

(3) On Error Goto 0

On Error Goto 0 语句停止处理错误的功能，并不是把行 0 指定为错误处理代码的起点。

将上面的应用程序修改如下，在 On Error Resume Next 语句后添加一条 On Error Goto 0。完整程序代码如下。

```
Option Explicit
Private Sub cmdInline_Click()
    Dir txtFile.Text '检查路径或文件是否存在
End Sub
Private Sub cmdInline_Click()
    Dim Msg As String
    On Error Resume Next
    On Error Goto 0
    Dir txtFile.Text '检查路径或文件是否存在
    MsgBox "程序正常运行"
End Sub
```

运行程序，当软驱里没有软盘时，两个按钮都会因错误而终止，这是由于 On Error Goto 0 关闭了错误处理的功能。

1.1.7　MSDN 的使用

MSDN 是学习 VB 的很好的工具之一，MSDN 是 Microsoft Software Developer Network 的简称，是微软针对开发者的开发计划。可以在 http://msdn.microsoft.com 看到有关软件开发的资料。在 VB 6.0 中包括 MSDN Library 的光盘，其中包括 VB 的帮助文件和许多与开发相关的技术文献，学习 VB 编程应学会使用 MSDN Library，如果不安装 MSDN Library 就等于没有帮助可以用。MSDN 中也包括大量的 VB 文章和例子，对学习 VB 很有帮助。

MSDN For Visual Studio 6.0 中文版共有两张光盘，其中与 VB 相关的内容仅有一小部分，有条件的同学可以用光盘安装，也可以从网上下载 MSDN for VB 6.0 精简版进行安装。

解压 msdn for vb 6.0 简体中文版的压缩包，如图 1-4 所示，运行其中的 SETUP. EXE 文件，按照提示安装 MSDN，安装完毕后可以在 VB 编程环境中按 F1 键激活 MSDN 以获得开发帮助。

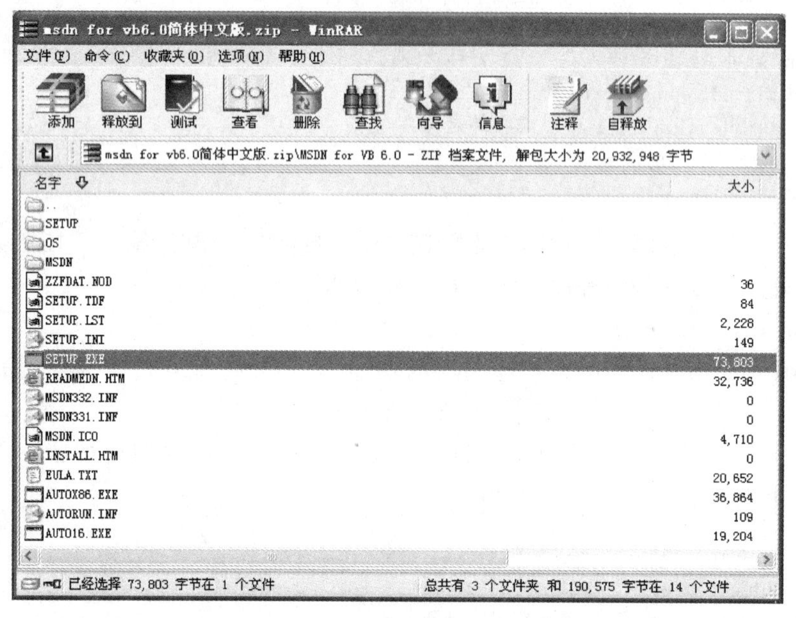

图 1-4 msdn for vb 6.0 简体中文版压缩包目录

MSDN 安装完毕后，在 VB 运行时，光标落在代码的保留字上时，按 F1 键即可打开帮助窗口进入该保留字的帮助界面。

例如，在代码窗口中光标移到 Sub 关键字上并按 F1 键，出现如图 1-5 所示界面。

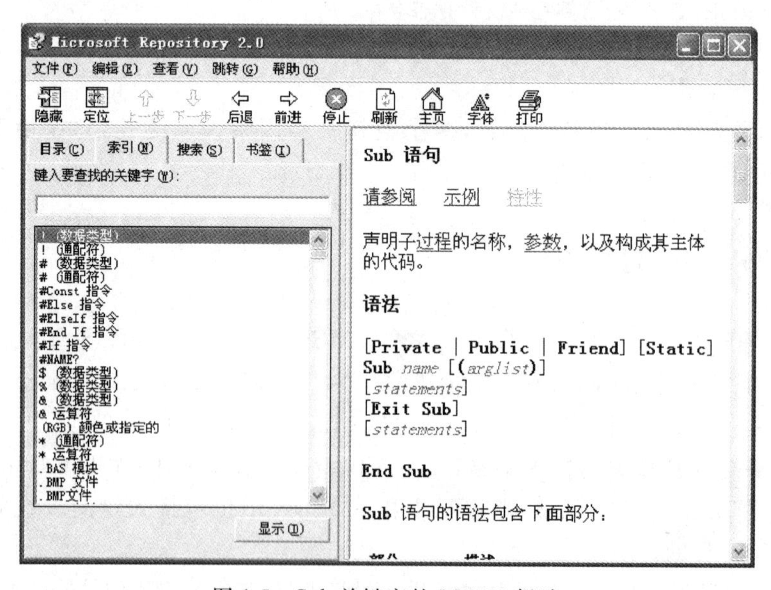

图 1-5 Sub 关键字的 MSDN 帮助

MSDN 帮助界面简捷易用，左边窗口选项卡分别提供了关键字目录列表查询、索引查询和搜索查询功能，并提供了书签功能以备用户在开发、学习过程中记忆查询过的内容。

右边的帮助窗口提供了相关关键字的语法说明、示例、参考关键字等详尽的帮助，充分利用了超链接功能，帮助学生、开发者学习和利用帮助资源，迅速掌握相关关键字的使用方法和使用技巧。

例如，在 Sub 语句的帮助中选择"请参阅"超链接，即可打开如图 1-6 所示相关主题界面。

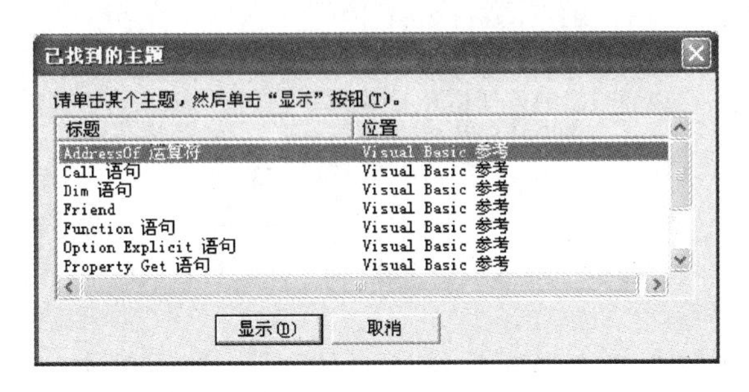

图 1-6　"请参阅"超链接所提供的相关主题列表

从中可以找到 Sub 过程的调用语句 Call 的 VB 参考以及 Sub 相关语句 Function 的 VB 参考。

在本书的学习过程中，强烈建议师生用好 MSDN 的帮助功能，尤其是学生应学会利用 MSDN 资源进行独立开发，举一反三地把书中的项目从简单到复杂、从简陋到完善地制作成可实际应用的软件，以培养程序设计思维能力和软件制作的开发能力。

【任务作业】

(1) 创建一个 VB 工程，运行并保存该工程所有文件到指定文件夹(如学生自己创建的文件夹)；退出工程后，找到该文件夹，浏览文件夹下的文件及其扩展名；重新打开该工程。

(2) 下载并安装 MSDN for VB 6.0 精简版，进入 VB 6.0 后按 F1 键进入 MSDN，熟悉它的导航栏及其功能。

任务 1.2　简单文本编辑器设计

【任务目标】

1. 设计制作一个简单的文本编辑器，实现文本框间的文本复制和剪切。
2. 学习标签、文本框、按钮、对话框等控件的基本应用。
3. 初步熟悉 VB 程序代码的编辑、运行。

1. 任务情景描述

本任务是设计制作一个简单的文本编辑器，用于练习 VB 相关控件的应用。"文本编辑程序”初始化运行后的画面如图 1-7 所示(左边文本框中没有文字)。然后,在左边的文本框中可以输入文字或粘贴从其他地方复制过来的文字。在输入中,文字会自动换行,如果要另起一段,可按 Ctrl+Enter 键插入空行。文本框有垂直滚动条,可以保证输入较多的文字。

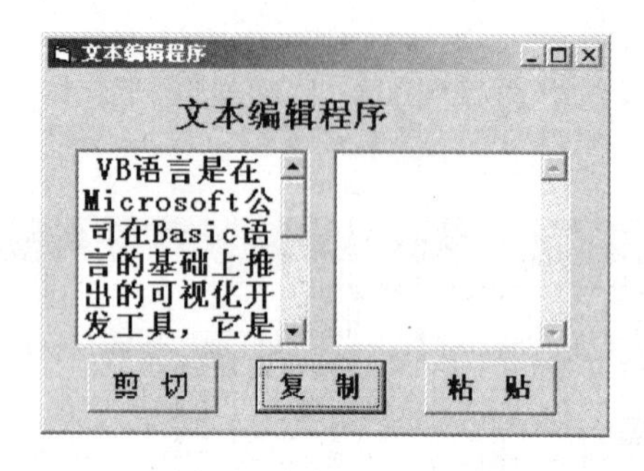

图 1-7 “文本编辑程序”初始化运行后的画面

输入完文字后,在左边文本框中选择适当的文字,然后单击“剪切”按钮或“复制”按钮,即可把文字保存到剪贴板上,然后单击“粘贴”按钮可把文字粘贴到右边的文本框中,并弹出对话框提示粘贴成功,如图 1-8 所示。如果在单击“剪切”按钮或“复制”按钮前,没有选择左边文本框中任何文字,则会以对话框的形式提示,如图 1-9 所示。

单击窗体右上角的退出按钮时,会弹出提示框,询问是否退出,如图 1-10 所示。

图 1-8 粘贴成功提示对话框

图 1-9 没有选择任何文字的提示对话框

图 1-10 退出询问

2. 设计思路

VB 文本框控件可以实现文字的简单编辑功能,为了实现两个文本框之间的文本复制,可以采用第 3 个“隐藏”的文本框实现暂时保存文本内容,实现“搭桥”传递待复制或剪切的文本内容。

在 VB 中,变量之间或者控件属性之间都可以使用赋值语句,进行数值、字符串的传递,格式为:

目的变量(或控件属性)=源变量(或控件属性)

3. 实训内容

(1) 进入 VB 后,新建一个“标准 EXE”项目,在工程 1 的设计窗口 Form1 上添加一个 Label1,3 个文本框控件 Text1、Text2、Text3,3 个按钮控件 Command1、Command2 和 Command3,布局如图 1-11 所示。

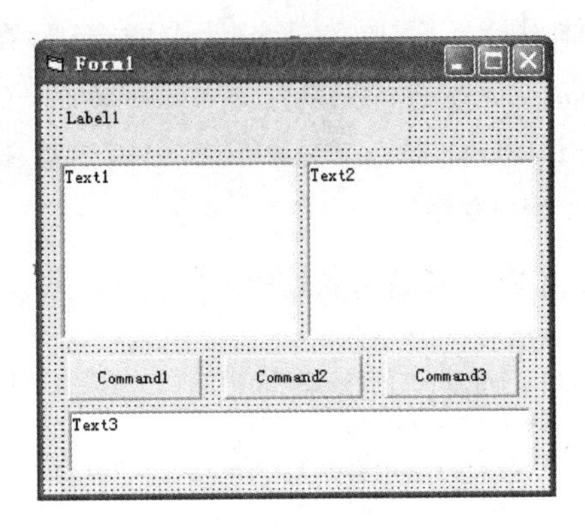

图 1-11　简单文本编辑器控件布局

(2) 修改相关的控件属性。选中设计窗口中的控件，在编辑窗口的右边属性窗口中修改相关属性值，其中：Label1 的 Caption 属性修改为“文本编辑程序”，Font 属性中修改字号为四号；Text1 和 Text2、Text3 的 MultiLine 属性改为 True，Font 属性中字号也改为四号，ScrollBars 属性改为 2(垂直滚动条)；Text3 的 Visible 属性改为 False(不可见)；Command1、Command2 和 Command3 的 Caption 属性分别改为“剪切”、“复制”和“粘贴”。

(3) 输入相关事件的代码如下。

```
Private Sub Command1_Click()
  Text3.Text = Text1.Text                 '将文本框 Text1 的文本内容复制到 Text3
  Text1.Text = ""                         '清空 Text1 中内容，实现剪切
End Sub

Private Sub Command2_Click()
  Text3.Text = Text1.Text                 '将文本框 Text1 的文本内容复制到 Text3
End Sub

Private Sub Command3_Click()
  Text2.Text = Text3.Text
End Sub
```

上述代码中单引号以后的文字是注释，程序运行时不会运行，可以省略。熟练的程序员都会在关键的代码段前用注释语句说明代码的功能、参数、开发时间、编程人等说明信息，有助于今后对程序的维护、升级。

(4) 试运行。在文本框 Text1 中输入任意文字，分别单击 3 个按钮，可以实现文本框内文字的复制、剪切和粘贴。

编程技巧：在 VB 6.0 编程环境中，不少控件的属性或方法可以简化其书写形式。如控件 TextBox 的 Text 属性可以简化成文本框名，即 Text1. Text 可以直接写作 Text1；而当前窗体的属性或方法则可以把控件名省略，如 Form1. Print 可以直接写作 Print，但跨窗体执行语句必须写明窗体名称。

这是“做”出来的第一个“软件”，界面和功能都很粗糙，但却是一个良好的开端。接下来作为对比，调整一下实训内容：重新创建一个工程，但是不再执行前面第(2)步“修改相

关的控件属性”，而是在窗体设计界面中，双击设计中的窗体，在 Form_Load 事件代码区输入以下代码。

```
Private Sub Form_Load()
  Label1.Caption = "文本编辑程序"
  Label1.FontSize = 14.25
  Text1.MultiLine = True : Text2.MultiLine = True : Text3.MultiLine = True
  Text1.Visible = False
  Text1.FontSize = Label1.FontSize : Text2.FontSize = Text1.FontSize
  Text1.ScrollBars = 2 : Text2.ScrollBars = 2
  Command1.Caption = "剪切" : Command2.Caption = "复制"
  Command3.Caption = "粘贴"
End Sub
```

运行程序后可以发现，前面两次的程序运行效果是一致的，即控件的属性既可以在属性窗口中进行修改，也可以用赋值语句使得控件属性在程序运行后执行修改。值得注意的是：有些控件的少数属性在运行后是只读的，如控件的名称属性 Name，不允许程序运行后修改它。

注意程序中以下两个句子的等号后边的值，一个是加双引号的，一个是没有的。

```
Label1.Caption = "文本编辑程序"
Label1.FontSize = 14.25
```

VB 的数据分为多种类型，""包围的是“字符串”型数据，# #包围的是“日期”型数据，数值则无须包围符号，布尔量(逻辑值)只有 False 和 True 两个表示值。

编程技巧：在程序代码的编写中，缩进格式是提高程序可读性的重要手段。所谓的缩进格式，就是编程人员根据程序结构的层次关系，将从属于某过程、函数、条件判断结构或循环结构等结构化程序的下一级程序块，以行首缩进一定空格的方法进行书写，以标识出其从属的地位或层次结构。利用缩进格式可以清晰地读出程序块的嵌套、主从等层次关系，可以避免一些不必要的语句错漏和程序结构交叉错误。行首缩进是通过按 Tab 键来获得的，VB 可以调整 Tab 键的缩进字符数，可在老师的指导下学习使用。

【任务作业】

(1) 完成简单文本编辑器的实训操作，程序功能调试成功后，保存工程文件到指定文件夹中，打包后上传给教师批阅。

(2) 参考 Windows 自带的记事本应用程序，思考编写一个类似的软件需要哪些控件、需要编写哪方面的功能模块。

任务 1.3　文本编辑器的完善

【任务目标】

1. 为简单文本编辑器增加字号、字体设置功能。
2. 学习 Windows 剪贴板的使用，掌握 VB 剪贴板控件的编程应用。

3. 注意 VB 编程人员的编程习惯养成。

1. 任务情景描述

在任务 1.2 中,采用第三方控件“传递”数据的复制模式,实现起来比较容易,但不实用。既不能复制文本框中选择的部分文字,更不能和 Windows 中其他应用程序传递复制的数据。

Windows 剪贴板是 Windows 应用程序之间进行数据传递的重要工具,将在本任务中使用剪贴板实现文本的复制、剪切和粘贴功能。

另外,将引入单选按钮来实现字体的改变,同时增加字号修改按钮,以增强文本编辑器的功能,如图 1-12 所示。

图 1-12　增强功能的文本编辑程序

2. 设计思路

在 Windows 中有一个可以在应用程序之间进行数据传递的工具——剪贴板,这是 Windows 在系统存储区开辟的一块保存复制数据的区域,可以保存复制的文本、文件路径及其他如图片、格式文本等信息。Windows 提供了应用程序接口 API 供编程使用,在 VB 中有专用工具 Clipboard 对象供编程人员调用剪贴板。

在任务 1.3 中,可以去掉 Text3 文本框,采用 Clipboard 对象的相关方法来存储 Text1 中选择复制的文本,并调用 Clipboard 对象的相关方法来粘贴、复制的数据。

通过修改控件对象的属性,可以改变控件的外观。在文本编辑器中要修改字体、字号等效果,可以通过文本框属性赋值语句来实现。由于文本框的功能限制,只能对整个文本框的所有字体进行修改,如要实现 MS Word 那样的对个别字符进行单独字符编辑功能,需要采用其他如 RichTextBox 之类的控件,这里暂不涉及。

在任务 1.3 的训练中,将引入单选按钮来实现字体的改变,同时增加字号修改按钮。通过赋值语句,实现对文本框控件的字体、字号进行控制,以实现简单的编辑功能。

3. 实训内容

(1) 保留基本实训中的各控件,将 Text3 控件删除,相关按钮代码修改如下。

```
Private Sub Command1_Click()
  Clipboard.Clear                          '清除剪贴板
  Clipboard.SetText Text1.SelText          '将 Text1 中选择的文本置入剪贴板
  Text1.SelText = ""                       '将 Text1 中选中的文本清除,实现剪切
End Sub

Private Sub Command2_Click()
  Clipboard.Clear                          '清除剪贴板
  Clipboard.SetText Text1.SelText          '将 Text1 中选择的文本置入剪贴板
End Sub

Private Sub Command3_Click()
  '将剪贴板中文本取出,替换 Text2 中选择的文本,实现粘贴
  Text2.SelText = Clipboard.GetText
End Sub
```

(2) 代码编写完后可以尝试在 Text1 中输入文本,选择其中一部分,单击按钮进行复制或剪切,然后用"粘贴"按钮进行粘贴,观察运行效果。还可以打开 MS Word 或其他 Windows 文字编辑器与实训程序进行交互复制粘贴。

编程技巧:VB 6.0 除了使用 Clipboard.SetText 和 Clipboard.GetText 进行文本的复制和粘贴以外,还可以用 Clipboard.GetData 及 Clipboard.SetData 进行图像数据的复制和粘贴。例如,从位图文件中加载图片到剪贴板:

```
Clipboard.SetData LoadPicture("PAPER.BMP")
```

将剪贴板的图像显示在窗体背景中:

```
Form1.Picture = Clipboard.GetData()
```

剪贴板的 SetText、GetText、SetData、GetData 等方法,还有一些重要的参数,可以通过 MSDN 学习。

(3) 加大窗体的高度,在下方新增两个按钮,名称分别为 toBig 和 toSmall,Caption 属性分别为"增大"、"减小";新增两个单选按钮,名称分别为 OptHei、OptSong,Caption 属性分别为"黑体"和"宋体"。

加入如下代码,其他按钮的代码不变。

```
Private Sub OptHei_Click()
  '将单选按钮的标题"黑体"赋值给 Text1 的 FontName 属性
  Text1.FontName = OptHei.Caption
  '将单选按钮的标题"黑体"赋值给 Text2 的 FontName 属性
  Text2.FontName = OptHei.Caption
End Sub
```

```
Private Sub OptSong_Click()
  '将单选按钮的标题"宋体"赋值给 Text1 的 FontName 属性
  Text1.FontName = OptSong.Caption
  '将单选按钮的标题"宋体"赋值给 Text2 的 FontName 属性
  Text2.FontName = OptSong.Caption
End Sub

Private Sub toBig_Click()
  If Text1.FontSize <= 2158 Then                '假如文本框字体大小小于等于 2160-2 点
    '增量计算,将文本框的字体大小在原来基础上加 2 点
    Text1.FontSize = Text1.FontSize + 2
    Text2.FontSize = Text2.FontSize + 2         '字号最大为 2160 点
  End If
End Sub

Private Sub toSmall_Click()
  If Text1.FontSize >= 2.1 Then                 '假如文本框字体大小大于等于 2.1 点
    '减量计算,将文本框的字体大小在原来基础上减 2 点
    Text1.FontSize = Text1.FontSize - 2
    Text2.FontSize = Text2.FontSize - 2         '字号最小必须大于 0 点
  End If
End Sub
```

编程技巧:在编程过程中,为了使程序易读,编程人员习惯上把控件名称、变量名称等用大小写英语单词缩写或拼音命名,方便在后期程序调试和维护中阅读修改。

(4) 双击设计窗口的空白区域,进入窗体代码输入窗口,在右上侧单击事件下拉列表,找到 Unload 事件,如图 1-13 所示。

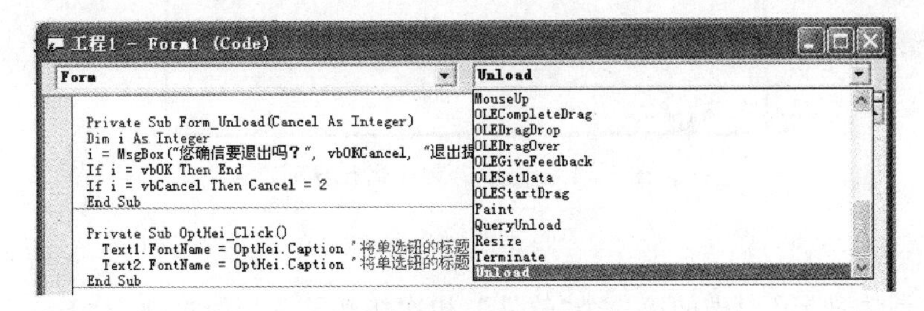

图 1-13　窗体事件下拉列表

输入以下事件处理代码。

```
Private Sub Form_Unload(Cancel As Integer)
  '定义 i 为整型变量
  Dim i As Integer
  '调用 MsgBox 函数,显示确定、取消按钮
  i = MsgBox("您确信要退出吗?", vbOKCancel, "退出提示")
  '假如单击确定按钮则结束程序
  If i = vbOK Then End
  '假如单击取消按钮,则放弃退出,Cancel 值为 0 时删除窗体,非 0 时保留窗体
  If i = vbCancel Then Cancel = 2
```

```
End Sub
```

该段代码的目的是在用户单击窗体右上角关闭按钮时，提示用户确认退出还是取消，以加强系统的交互性。

(5) 运行并调试程序，找出并修改可能的输入错误。

从以上两个任务的实训内容中可以看到，软件编程的灵活性相当大，当设计目标确定后，软件同一功能模块的实现可以通过多种途径，编程人员可以凭经验和软件需求选用最有效的代码进行编程。初学者学习过程中，重点应该掌握程序的设计思路，勤于尝试，重在理解，不应该学当"打字员"，满足于把书中的代码"抄"到计算机中。

【任务作业】

(1) 将任务 1.3 完成的代码另存到与任务 1.2 不同的文件夹中，打包后上传给老师批阅。

编程技巧：在 VB 中"另存为"操作不是一件简单的事情，因为 VB 工程包括工程文件、窗体文件、模块文件等，要将完整的工程进行另存必须分别另存这些文件。因此，一般不提倡在打开工程后另存整个工程到别的文件夹，而是在打开原来的工程前将所有文件用复制的方法复制到别的文件夹，然后打开文件进行编辑。

(2) 设计一个文本编辑器，可以通过按钮变更文本框的文字字体、字号，并可以复制或粘贴 Windows 剪贴板中的文本信息，程序运行界面如图 1-14 所示。

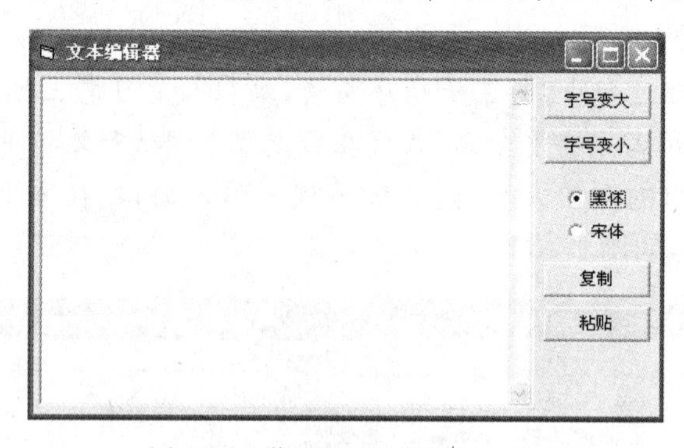

图 1-14　作业(2)程序运行界面

项目小结

(1) 这是学习 VB 时做的第一个"软件"，初次接触了 VB 的控件，对于一个应用程序来说，控件是搭建程序用户界面的"积木"。在 VB 中控件有 3 个层次的概念是学习的重点，即控件的属性、事件及方法。

① 控件的属性是从属于控件的一些能够决定控件外观和内在特性的特定值。不同的控件其属性集是有区别的，比如 TextBox 没有 Caption 属性但有 Text 属性，而 Label 控件刚好相反，学习中应注意区分、掌握。

控件的属性可以通过 VB 编辑界面的属性窗口修改，也可以在程序运行中用赋值语句修改，但有些属性如控件的名称 Name 在运行时是只读的，不允许修改。

② 控件的事件是 Windows 应用程序的一个重要特点，通过对控件事件的响应，使得应用程序能够实现多种人机交互和实时控制。跟属性一样，不同控件的事件集也是有区别的，比如 Command 按钮没有 DblClick 事件，而大多数控件有双击事件。

在事件过程中输入的程序代码将在该事件发生时执行,有些事件有前后时间关联,比如双击事件总跟在单击事件之后,如果在某控件的双击事件和单击事件过程中都输入代码,则双击该控件时,单击事件也将被执行,在编程时应予以注意。

③ 方法是控件的开发者封装在控件中的程序功能,如实训项目中的清除剪贴板方法 ClipBoard.Clear,可以实现预设的某些功能,方便编程者的应用。

初学者在学习时应注意区分属性、事件和方法的使用格式,不得混淆。

(2) 良好的编程习惯是一个程序员必须具备的良好素质。

本项目中强调了注释语句的使用、缩进格式的使用和易识别控件名称、变量名称的使用,应在今后的实训中特别注意。

(3) 在实训过程中还应注意培养良好的编辑习惯,除了界面设计中用鼠标进行操作外,在代码编写时,尽可能采用键盘进行操作以提高编写效率。

VB 常用的编辑键如下。

① 光标移动:上下左右箭头、Home、End、Pg Up、Pg Dn 等。

② 选择:左手小手指或无名指按住左 Shift 键,右手手指用光标移动键进行光标移动,可迅速选定文本。

③ 复制和粘贴:微软特定的复制键是按左 Ctrl+Ins 键,实现复制;如需剪切,则再按 Del 键即可,可以和 Ctrl+C、Ctrl+X 复制与剪切快捷键配合使用。粘贴则可以按 Ctrl+Ins 键或 Ctrl+V 键。

(4) 在软件编程中,编程人员应熟悉各种控件属性值的有效性范围,否则会给用户的使用带来麻烦,这类错误在调试时也很难发现,如项目 1 中字符大小的有效范围。遇到这类问题,最好在程序中利用判断语句块来限制属性赋值的有效范围,以避免程序运行时的错误发生。

项目2 “打地鼠”游戏编程

项目目的

通过该项目的实训,要求学生进一步熟悉VB编程环境;掌握图片框、滚动条、计时等控件的使用方法及相关属性、事件、方法的编程;熟悉判断语句的编写;掌握变量的概念及其作用域;熟悉VB程序调试技巧。

项目要求

基本要求:开发一个打地鼠游戏程序,界面里有9个地鼠洞,间隔一定时间地鼠冒出头来,用鼠标单击它,击中得分,否则不得分。

拓展要求:为打地鼠游戏编写增强功能,包括难度设置、音效等。

任务2.1 必备知识与理论

【任务目标】

1. 掌握VB数据类型的主要种类。
2. 掌握VB变量及作用域概念。
3. 熟悉VB的保留字。
4. 了解VB程序调试的基本方法。

2.1.1 VB数据类型与常量

1. VB的数据类型

数据是计算机程序的处理对象,除了最简单的程序外,几乎所有的程序都具有输入数据,加工处理数据,再将数据输出的处理过程。例如一个数据库程序,要求数据库管理人员输入或从磁盘文件中读取客户的姓名、地址和电话号码作为数据,数据库把这些数据存放在计算机中,当需要的时候,选择有用的信息显示或打印出来。

程序中需要处理的数据包含以下两种最常见的类型:数值和字符串。数值可以是正数、负数、整数、小数等类型。字符可以是输入的任何字母、标点符号和数字等,字符连接在一起就成了字符串。例如,货物的数量和重量通常作为数字处理,而它的名称通常作为字符串处理。VB语言根据实际需要,提供了各种数据类型,在程序中要用不同的方法处理不同类型的数据。

VB 的标准数据类型的简要说明如表 2-1 所示。

表 2-1 VB 的标准数据类型和所占空间大小

数据类型	类型名称	类型声明字符	所占字节/B	有效值、范围
字节型	Byte		1	0～155
布尔型	Boolean		2	True 或 False
整型	Integer	%	2	－32 768～32 767
长整型	Long	&	4	－2 147 483 648～2 147 483 647
单精度型	Single	!	4	负数：－3.402 823 E38～－1.402 98 E-45 正数：1.401 298 E-45～3.402 823 E38
双精度型	Double	#	8	负数：－1.797 693 134 862 32 E308～－4.940 656 458 412 47 E-324 正数：4.940 656 458 412 47 E-324～1.797 693 134 862 32 E308
货币型(变比整型)	Currency	@	8	－922 337 203 685 477 580 8～922 337 203 685 477.580 7
日期型	Date		8	100 年 1 月 1 日到 9999 年 12 月 31 日
对象型	Object		4	任何对象的引用
变长字符串型	String	$	10 个字节加字符串长度	0 到大约 20 亿
定长字符串型	String * Num	$	Num	1 到大约 65 400
可变类型(字符)	Variant		22 个字节加字符串长度	与变长 String 有相同的范围
可变类型(数字)	Variant		16	任何数字值，最大可达 Double 的范围
小数	Decimal		14	没有小数点时为 +/－79 228 162 514 264 337 593 543 950 335，小数点右边有 28 位数时为 +/－7.922 816 251 426 433 759 354 395 033 5 最小的非零值为 +/－0.000 000 000 000 000 000 000 000 000 1
用户自定义(利用 Type)			所有元素所需数目	每个元素的范围与它本身的数据类型的范围相同
其他	任何数据类型的数组都需要 20 个字节的内存空间，加上每一数组维数占 4B 和数据本身所占用的空间。数据所占用的内存空间可以用数据元数目乘上每个元素的大小加以计算。例如，4 个 2B 的 Integer 数据元所组成的一维数组中的数据，占 8B，加上额外的 24B，使得这个数组所需总内存空间为 32B。包含一个数组的 Variant 比单独的一个数组需要多 12B			

2. 常量

VB 的常量分为数值常量、字符串常量、逻辑常量、日期常量等。

(1) 数值常量

数值常量有字节型数、整型数、长整型数、定点数及浮点数。

① 字节型数、整型数、长整型数都是整型量，可以使用3种整型量：十进制整数、十六进制整数和八进制整数，只要是在该类型数合法范围之内。

十进制数按常用的方法来表示，十六进制数前加“&H”，八进制数前加“&O"。

例如：

1 200——十进制数1 200

&H333——十六进制数333

&O555——八进制数555

② 定点数是正的或负的带小数点的数，如：323.43，−456.78。

③ 浮点数分为单精度数和双精度数。浮点数由尾数、指数符号和指数3部分组成。尾数是实数，指数符号是E(单精度)或D(双精度)，指数是整数。

指数符号E和D的含义为乘上10的幂次。例如：12.345 E−6和78 D3所表示的值分别为0.000 012 345和78 000。定点数和浮点数可以是单精度的，也可以是双精度的。单精度数保留7位有效数字，双精度数保留15位或者16位有效数字。

(2) 字符串常量

字符串是用双引号括起来的一串字符(也可以是汉字)，其长度不超过32 767个字符(一个汉字占两个字节)。下面是合法的字符串及其长度。

“abcdef”，长度为6个字符。

“VB中文版”，长度为5个字符。

(3) 逻辑常量

逻辑常量只有两个：逻辑真True和逻辑假False。VB中的True与−1等值，False值是0。

例如：

```
Dim a As Boolean, b As Integer
a = True
b =-1
Print a = b
```

输出结果是True。

(4) 日期常量

格式：#mm-dd-yy#

例如：#09-01-03#，表示2003年9月1日。

2.1.2 VB变量及作用域

1. 变量

变量是指在程序运行中，其值可以发生改变的数据。

(1) 变量名的命名

变量名的命名规则：255个字符以内，第一个字符是字母，其后可以是字母、数字和下划线的组合，最后一个字符也可以是类型说明符。通常使用具有一定含义的变量名可以帮助说明功能，简化调试过程。保留字不能作为变量名。

(2) 变量类型与定义

VB中变量都属于一定的数据类型，包括基本数据类型和用户定义数据类型。在VB中，可以用下面几种方式来规定变量的类型。

① 用类型符来标识。把类型符放在变量的尾部来说明变量的不同类型，类型说明如下。

% 表示整型
& 表示长整型
! 表示单精度型
表示双精度型
@ 表示货币型
$ 表示字符串型

② 在定义变量时指定其类型。在使用变量前，可以用下列格式来说明其类型和作用域：

<说明关键字> <变量> As <类型>

其中关键字为下列之一。

Global 在模块中定义全局变量。Dim 在模块、窗体的过程(子程序)中说明变量或数组，但不能在过程中说明数组。Static 在过程中说明静态变量。每次调用过程时，用 Static 语句说明的变量值将保留。ReDim 在过程、函数中说明动态数组及重新分配数组空间。用 Global 或 Dim 定义动态数组后，再用 ReDim 语句说明数组的大小。

类型为前面所讲的数据类型之一(如 Integer 等)。

例如：

```
Dim a As Integer            说明a为整型变量
Dim b As String             说明b为可变长字符串型变量
Dim c As String * 10        说明c为长度是10个字符的固定长字符串型变量
Dim d(10)As Integer         说明d为一维整型数组
Dim e()As Single            说明e为动态单精度变量
Static f As Integer         说明f为静态整型变量
ReDim e(10)As Single        说明e为一维单精度数组
Global h As Integer         说明h为全局整型变量
```

③ 用 Deftype 语句定义。

格式：

```
DefInt  (字母范围)  定义整型
DefLng  (字母范围)  定义长整型
DefSng  (字母范围)  定义单精度型
DefDbl  (字母范围)  定义双精度型
DefCur  (字母范围)  定义货币型
DefStr  (字母范围)  定义字符串型
DefBool (字母范围)  定义布尔型
```

DefByte (字母范围)　定义字节型
DefDate (字母范围)　定义日期型
DefVar　(字母范围)　定义通用型
DefObj　(字母范围)　定义对象型

功能：定义以字母开头的变量类型。

例如：

DefInt a-d　所有以 a、b、c、d 字母开头的都是整型变量
DefStr f-j　所有以 f、g、h、i、j 字母开头的都是字符型变量

2. 变量的作用域

VB 中变量根据作用范围一般可以分为 3 种，即局部(过程)变量、窗体级变量、全局(公共)变量。

(1) 局部(过程)变量

局部(过程)变量是在一个过程中，比如 Sub 和 End Sub 之间或 Function 和 End Function 之间定义的变量。这类变量在过程以外即失效。

例如：

```
Sub Process1()
   Dim A As Integer
   A=1
End Sub
Sub Process2()
   Print A
End Sub
```

在这个实例中，先运行 Process1 过程后，再运行 Process2，打印结果为空白。因为 Process2 中的 A 没有被定义过，为默认的可变变量，其默认值为空。

(2) 窗体级变量

窗体级变量是在一个窗体中，被该窗体的所有过程共享的变量。这类变量的定义位置是在窗口代码区的“通用”区内，即该窗体的代码区最上部分、过程代码之外，如图 2-1 所示。

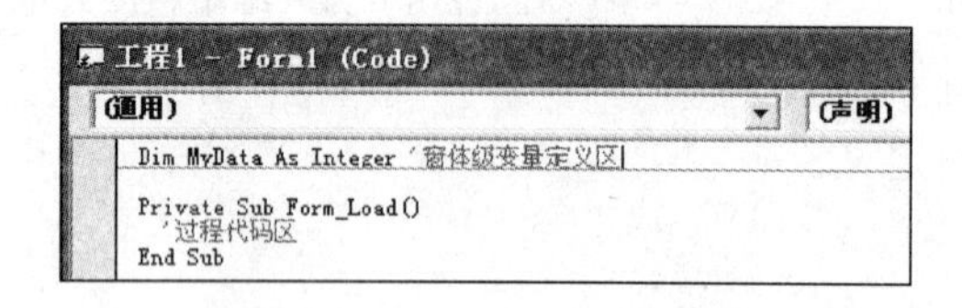

图 2-1　窗体级变量定义区

在窗体中定义的窗体级变量作为该窗体内被共享的公共变量，可以在该窗体内的各过程中使用，除非该过程定义了同名的局部变量。当某过程定义了跟公共变量同名的局部变量后，这个局部变量不能接收外部公共变量的值。

当其他窗体需要获取当前窗体的窗体级变量的值时，需采用“窗体名.窗体级变量名”的格式。例如：在 Form1 中定义了一个窗体级变量 Mydata，则在 Form2 的过程中调用该变量时，应该写作 Form1. Mydata。

(3) 全局(公共)变量

全局变量必须在模块(Module)中定义，采用关键字 Global 或 Public 进行定义，格式如图 2-2 所示。

全局变量可以在所有窗体的各过程中共享。

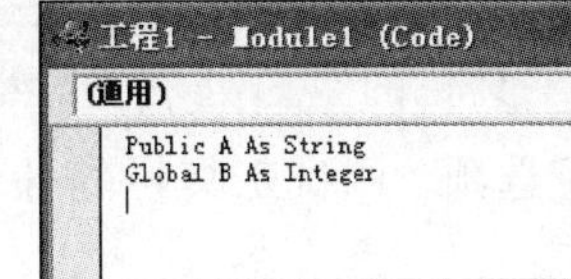

图 2-2 全局变量的定义

2.1.3 VB 的保留字

VB 保留字是不允许用户重新定义作为其他功能使用的单词。比如 Do 是用在循环语句里面保留字，不允许 Dim Do 定义一个叫做 Do 的变量。

VB 主要的保留字如下。

ByVal	Call	Case	Catch	Cbyte	CBool	CChar
CDate	CDec	CDbl	Char	CInt	CStr	CType
Date	Decimal	Declare	Default	Delegate	Dim	
DirectCast	Do	Double	Each	Else	Elseif	End
Enum	Erase	Error	Event	Exit	False	Finally
For	Friend	Function	Get	GetType	GoTo	
Handles	If	Implements	Imports	In	Inherits	Integer
Interface	Is	Let	Lib	Like	Long	Loop
Me	Mod	Module	MustInherit	MustOverride	MyBase	
MyClass	Namespace	New	Next	Not	Nothing	
NotInheritable		NotOverridqble		Object	On	Option
Optional	Or	OrElse	Overloads	Overridable	Overrides	
ParamArray	Preserve	Private	Property	Protected	Public	
RaiseEvent	ReadOnly	ReDim	REM	RemoverHandler		
Resume	Return	Select	Set	Shadows	Shared	Short
Single	Static	Step	Stop	String	Structure	Sub
SyncLock	Then	Throw	To	True	Try	
TypeOf	Unicode	Until	Variant	When	While	With
WithEvents	WriteOnly	Xor				

除了这些外，VB 中大量使用的系统常数名称如 vbCrLf、VtVerticalAlignmentTop 等也不宜用作他用。

2.1.4 VB 程序调试

1. VB 调试工具

VB 提供了各种用途的调试工具，主要包括切换程序模式、设置和取消断点、逐语句或逐过程调试，监视变量和表达式的值等。

要使用 VB 的调试工具，最便捷的方法是通过调试工具栏。

选择“视图”→“工具栏”→“调试”命令，也可以在标准工具栏的空白处右击，然后在弹出的菜单中选择“调试”选项。调试工具栏的外观如图 2-3 所示，工具栏中各按钮的名称和功能可见表 2-2。

图 2-3 VB 调试工具栏

表 2-2 调试工具栏中各按钮的名称与功能对照表

按 钮	功 能
启动	启动应用程序，使程序进入运行模式
中断	中断程序，使程序进入中断模式
结束	结束程序，使程序返回到设计模式
切换断点	设置或删除断点，程序执行到断点处将停止执行
逐语句(调试)	单步执行程序的每个代码行，如果执行的代码行为调用其他过程语句，则单步执行该过程中的每一行
逐过程(调试)	单步执行程序的每个代码行，如果执行的代码行为调用其他过程语句，则整体执行该过程，然后继续单步执行
跳出	执行完当前过程的剩余代码，返回至调用该过程语句的下一行处中断执行
本地窗口	显示局部变量的当前值
立即窗口	当应用程序处于中断模式时，允许执行代码或查询变量的值
监视窗口	显示选定表达式的值
快速监视	当应用程序处于中断模式时，可显示光标所在位置表达式的当前值
调用堆栈	当处于中断模式时，弹出一个对话框显示所有已被调用的但尚未结束的过程

2. 程序调试

(1) 程序模式

VB 中的应用程序有 3 种模式：设计模式、运行模式和中断模式。

① 设计模式。创建应用程序的大多数工作都是用设计模式完成的。当程序处于设计模式时，除了可以设置断点和创建监视表达式外，不能使用其他调试工具。

② 运行模式。在运行模式中，用户可以查看程序代码，但却不能改动它。

③ 中断模式。调试 VB 应用程序的大部分工作都要在中断模式下进行，VB 的大部分调试工具也只能在中断模式下使用。

以下情况发生时都会使程序自动地进入中断模式。

(a) 语句产生运行时错误。

(b) “添加监视”对话框中定义的中断条件为真时(与定义方式有关)。

(c) 执行到一个设有断点的代码行。

(d) 选择“运行”→“中断”命令或按 Ctrl+Break 组合键。

要从中断模式返回到设计模式，有下列两种方法。

(a) 选择“运行”→“结束”命令。

(b) 单击“调试”工具栏上的“结束”按钮。

要从中断模式重新进入运行模式，有下列 3 种方法。

(a) 选择“运行”→“继续”命令。

(b) 单击“调试”工具栏上的“继续”按钮(在中断模式下，“启动”按钮变为“继续”按钮)。

(c) 按 F5 键。

(2) 使用调试窗口

VB 提供了 3 种用于调试应用程序的窗口：本地窗口、立即窗口和监视窗口。

① 本地窗口。本地窗口显示当前过程中所有变量（包括对象)的当前值。它只反映当前过程的情况，所以当程序的执行从一个过程切换到另一个过程时，本地窗口的内容会发生改变。

本地窗口如图 2-4 所示。

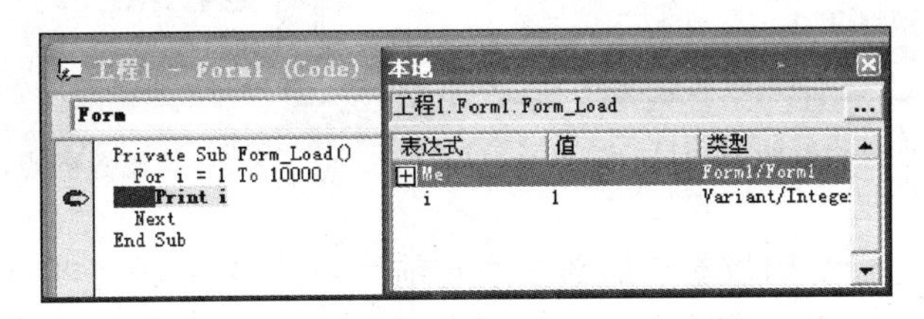

图 2-4 本地窗口

第一行的 Me 指当前窗体，要查看当前状态下窗体和窗体上各对象的属性值，可单击 Me 前面的加号，这时本地窗口中会显示当前窗体的属性“树”。

单击本地窗口标题栏下方的当前过程名右侧的带省略号的按钮，可以打开“调用堆栈”对话框，了解过程及函数的调用情况。

图 2-4 中的 i 为当前过程中的局部变量，1 为它的当前值。

② 立即窗口。立即窗口用于显示当前过程中的有关信息。当测试一个过程时，可在立即窗口中输入代码并立即执行；当要查看过程中某个变量或表达式的当前值，可在立即窗口中使用 Print 方法(为简化，可用“?”代替 Print)进行输出，如图 2-5 所示。

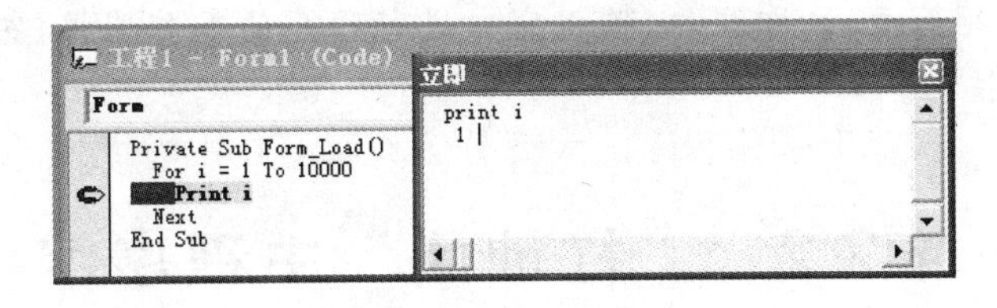

图 2-5 立即窗口

立即窗口中 print i 把正在中断程序中变量 i 的实时值显示出来。

③ 监视窗口。监视窗口可用于查看指定表达式的值，指定表达式称为“监视表达式”。

在“编辑监视”对话框中，“表达式”文本框用于输入要监视的表达式或变量，图 2-6 中监视的是变量 i。

(3) 断点设置和单步调试

① 断点设置和取消。断点通常应设置在程序代码中能反映程序执行状况的部位。

在 VB 程序中设置断点非常简单。在程序代码中,将光标移到要设置断点的那条语句前面,然后选择“调试”→“切换断点”命令或单击“调试”工具栏上的“切换断点”按钮。设置了断点的代码行将以粗体形式突出显示,如图 2-7 所示。

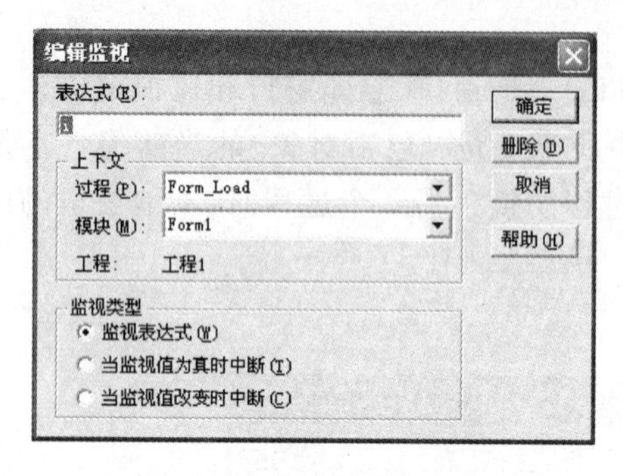

图 2-6 “编辑监视”对话框

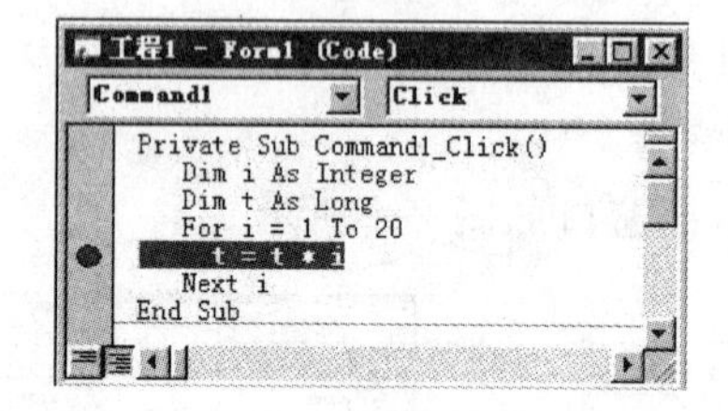

图 2-7 设置断点的代码行

取消断点:将光标移到带断点的那条语句前面,再使用和设置断点同样的操作。

如果程序代码中设置了多个断点,可选择“调试”→“清除所有断点”命令,一次清除所有断点。

② 单步调试。单步调试即逐个语句或逐个过程地执行程序,程序每执行完一条语句或一个过程就发生中断。

逐语句调试:选择“调试”→“逐语句”命令或单击“调式”工具栏上的“逐语句”按钮进行逐语句调试。

逐过程调试:使用逐过程调试方法,系统则将被调用过程或函数作为一个整体来执行。在进行单步调试时,当确认某个过程中不存在错误时,可使用逐过程调试方式。

【任务作业】

(1) 调出任务 1.3 的程序,设置断点,进行程序单步运行,熟悉程序调试的基本方法。

(2) 分别用本地窗口、立即窗口、监视窗口进行程序的跟踪监视,熟悉这些调试工具的性能,掌握调试技巧。

任务 2.2 “打地鼠”主程序编程

【任务目标】

1. 编写一个“打地鼠”游戏的主程序,实现“地鼠”的随机显示。
2. 学习图片框、计时器控件的应用编程。
3. 学习控件数组的创建和使用。
4. 掌握随机数函数的使用。
5. 掌握简单判断语句的编写和应用,熟悉变量的作用域。

2.2.1 任务情景描述

图 2-8 所示的是“打地鼠”游戏程序的主界面，一只小地鼠每隔一秒随机从某个洞口探身。

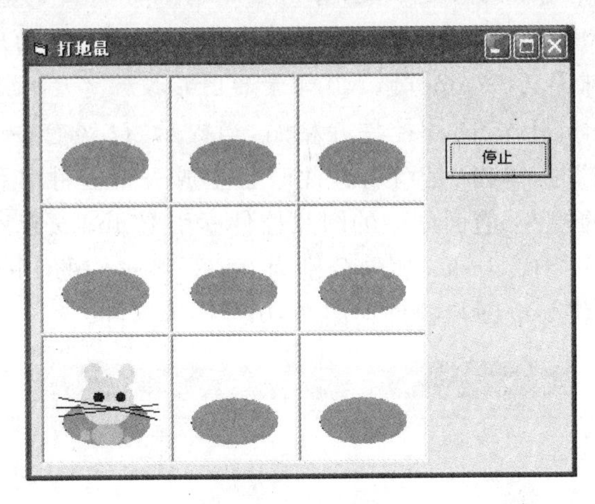

图 2-8 “打地鼠”程序界面

通过编写此程序，掌握图片框(PictureBox)、计时器、命令按钮等控件的使用，学习随机数函数的应用，初步认识判断语句的格式与应用。

程序执行后，显示“开始”按钮，当单击“开始”按钮后，按钮显示为“停止”，小地鼠开始随机出洞；当单击“停止”按钮后，按钮恢复为“开始”按钮，小地鼠停止显示。

2.2.2 设计思路

使用 9 个图片控件，分别显示地鼠或鼠洞图片，当单击其中某图片控件时，判断该图片显示的是否是地鼠，若是则计分并将地鼠图片换为鼠洞图片，否则不作处理或扣分。

使用计时器控件，间隔一定时间产生 0～8 随机数，用与随机数对应序号的图片框显示地鼠图片，将上次显示地鼠的图片框恢复为鼠洞。

2.2.3 实训内容

(1) 打开 Windows 的“画图”程序，修改“图像”的“属性”对话框中宽度和高度值都为 100 像素。绘制如图 2-9 所示的两个图，分别保存为“1. BMP”、“2. BMP”。

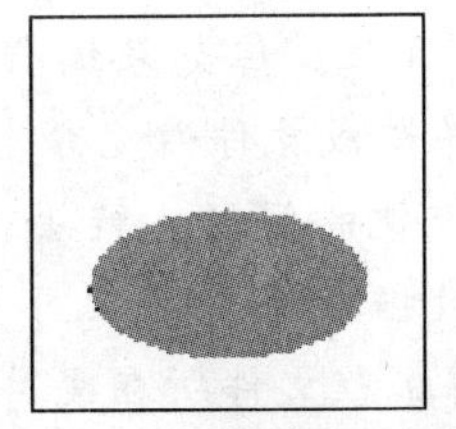

图 2-9 打地鼠程序中的图片

(2) 打开 VB 新建一个"标准 EXE"工程。在窗口界面上新建一个 PictureBox 图片控件，设置其宽度、高度均为 1 565。

编程技巧：注意 1 565 值的单位是"缇"，与前面图片的宽高 100 像素单位不同，换算关系可以这样理解：一英寸为 1 440 缇，普通显示器的分辨率的单位点每英寸(dpi)为 72～92，即每像素约 20～15 缇。当显示器分辨率不同，像素与缇的比值也会有变化，应当予以注意。当屏幕分辨率为 92 dpi 时，100 像素的图片控件宽度为 1 565。

(3) 复制这个 PictureBox 图片控件并粘贴，当提示"已经有一个控件为'Picture1'。创建一个控件数组吗?"时，单击"是"按钮，此时会生成一个控件名称同为 Picture1，但索引号 Index 属性为 1 的控件，前面创建的图片控件索引号 Index 已经从原来的空变为 0。依次粘贴 9 个 Picture1 控件，Index 属性分别为 0～8，将它们的 Picture 属性修改为前面设计的 1. bmp 图片。将 9 个图片控件如图 2-10 所示排列好。

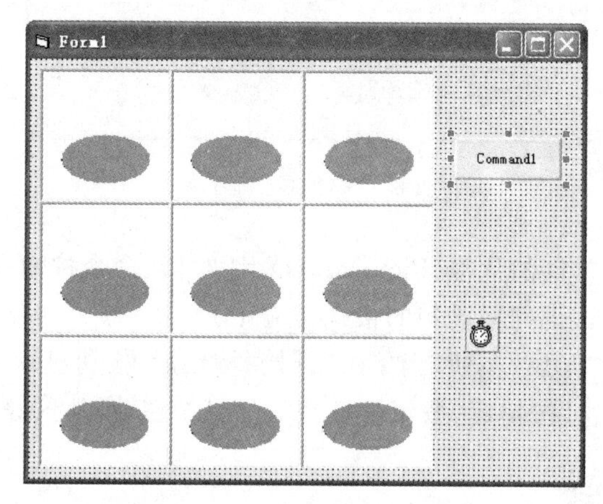

图 2-10 "打地鼠"游戏界面设计

编程技巧：在复制 PictureBox 控件后，粘贴时要注意先单击一下设计窗口，否则新的 PictureBox 控件会被贴进原 PictureBox 控件中。因为 VB 中有些控件被称为"容器"控件，在这类控件上可以作为容器"装载"其他子控件，并且子控件可以"继承"容器控件的一些属性。如 PictureBox、Frame 等。Form 窗体控件就是最大的容器控件。

(4) 添加一个计时器控件，修改计时间隔属性 InterVal 为 1 000，即 1 000 毫秒，Enabled 属性为 False，即不可用。添加一个按钮控件，Caption 属性修改为"开始"。

(5) 完工后保存工程到创建好的文件夹，将前面设计的两个图案复制到相同文件夹中。

编程技巧：VB 默认的工作文件夹是 VB 安装目录，因此如果某个 VB 工程需要对配套的数据文件进行访问时需要指定数据文件的目录。但如果编程时采用绝对路径，编程者的路径不一定是使用者的安装路径，这样容易造成软件做完分发后，在安装软件的计算机中找不到数据文件的错误，这是初学者必须重视的问题。解决这个问题最简单的做法是将工程保存到指定文件夹下，同时将相关的数据文件复制在同一文件夹或该文件夹下的子文件夹中，然后用 App. Path 函数自动取得工程文件所在文件夹路径，从而求得数据文件的路径对这些文件进行有效访问。

(6) 输入以下代码。

```
Dim WorkPath As String                        '定义工作路径字符串窗体全局变量
Dim Idx As Integer                            '定义一个整型窗体全局变量

Private Sub Command1_Click()
  '假如单击按钮时,按钮标题是"开始"则启动计时器,并将标题改为"停止"
  If Command1.Caption = "开始" Then           '实现"琴键开关"功能
   Command1.Caption = "停止"
   Timer1.Enabled = True                      '启动计时器控件
  Else                                        '否则显示"开始",停止计时
   Command1.Caption = "开始"
   Timer1.Enabled = False                     '停止计时器控件
  End If
End Sub

Private Sub Form_Load()
  WorkPath = App.Path                         '获取当前工作路径
  If Right(WorkPath, 1) <> "\" Then           '假如工作路径最右边的字符不为"\"
   WorkPath = WorkPath & "\"                  '则加上"\"
  End If
  '将全局变量 Idx 初始化为-1,没有任何图片显示为"地鼠"
  Idx = -1
End Sub

Private Sub Timer1_Timer()
  If Idx >= 0 Then
'假如 Idx 不小于 0 则将对应的图片框图片恢复为"鼠洞"
    Picture1(Idx).Picture = LoadPicture(WorkPath & "1.bmp")
  End If
  Idx = Int(Rnd * 9)                          '求得 0~8 之间的随机整数
  '将对应的图片框图片显示为"地鼠"
  Picture1(Idx).Picture = LoadPicture(WorkPath & "2.bmp")
End Sub
```

编程技巧：在 VB 6.0 中,Rnd 是一个可以返回[0,1)之间的系统函数,即它的返回值在 0~0.999 9…之间。因此为了获得 m~n 之间的随机数,可以用 Int((n-m+1) * Rnd)+m 表达式来求得。例如需要获得 10~100 之间的随机数,则表达式为 Int(91 * Rnd)+10。VB 6.0 中,图片框等控件装载图片的语句是 LoadPicture(文件名),清空图片是 LoadPicture("")。

(7) 试运行。单击“开始”按钮,按钮标题改为“停止”,地洞里每隔一秒随机出现一个地鼠；单击“停止”按钮,按钮标题改为“开始”,地鼠停止跑动。

【任务作业】

(1) 完成任务实训内容,并调试完成,在属性窗口中修改计时器的间隔时间,观察“地鼠”出现的间隔,理解“地鼠”出现间隔控制方法。

(2) 思考如何对程序进行修改,从而能将地鼠洞布局改为 4×4 的阵列布局,尝试编程并通过调试。

任务 2.3 "打地鼠"游戏的完善

【任务目标】

1. 完善"打地鼠"游戏的功能，实现"地鼠"显示时间间隔的人机交互调整。
2. 实现对用户单击的检测和判别计分。
3. 学习滚动条控件的运用技巧。

1. 任务情景描述

任务 2.2 实现了"打地鼠"游戏的核心功能，即能随机显示"地鼠"图片，在本任务中将完成计分和调整"地鼠"显示时间间隔的功能。

本任务将学习滚动条控件的使用方法，并用标签控件显示得分。

2. 设计思路

怎么才能计分呢？当某个 PictureBox 控件显示"地鼠"时，定义一个名为 Idx 窗体全局变量记录其控件序号，当单击 PictureBox 控件时，在单击事件过程中会有个 Index 参数值对应发生该事件的控件数组下标(Index 属性)，只要判断 Idx 值与 Index 值是否相等，即可得到"地鼠"是否被命中的结果。

任务 2.2 中完成了固定间隔时间的打地鼠游戏，为满足不同年龄人群的需要，最好设计有游戏速度调整功能，前面的实训通过修改计时器控件的间隔时间就可以实现地鼠显示程序执行的间隔调整。

为了实时调整游戏速度，可以利用水平滚动条来完成这个任务。当单击"开始"按钮后，程序读出水平滚动条的当前值，作为时间间隔赋给计时器控件。当游戏进行时，拖动水平滚动条把手或单击水平滚动条两头的按钮，即可将水平滚动条的值传递给计时器，以调整计时间隔，从而达到调整速度的目的。

3. 实训内容

(1) 在界面右上方中添加一个标签(Label)控件，名称是 Label1，将 Caption 属性改为数字 0，字号适当大一些，Alignment 对齐属性改为 2-Center，居中显示。

(2) 在设计界面上添加一个水平滚动条，如图 2-11 所示。修改水平滚动条的 Max 属性为 500，Min 属性为 2000，Value 值为 1000，SmallChange 为 100，LargeChange 为 500。

(3) 添加两个标签控件，名称任意，Caption 属性分别为"慢"、"快"。

(4) 将以下代码添加到设计中。

```
Private Sub Picture1_Click(Index As Integer)
  If Idx = Index Then                    '假如地鼠显示序号与当前被单击的图片相同
  '先恢复地洞显示，分数值加上 100 分，Val 是将文本转为数值函数
  Picture1(Idx).Picture = LoadPicture(WorkPath & "1.bmp")
```

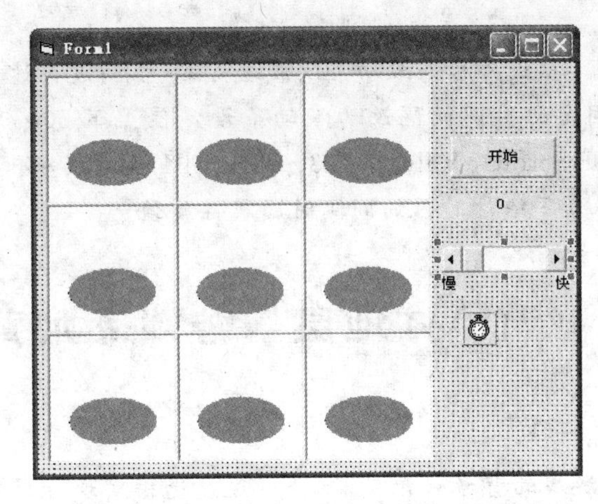

图 2-11 添加水平滚动条和计分标签控件的游戏界面

```
    Label1.Caption = Val(Label1.Caption) + 100
  End If
End Sub
Private Sub HScroll1_Change()
  Call HScroll1_Scroll                          '调用滚动条的 Scroll 事件过程
End Sub

Private Sub HScroll1_Scroll()
  Timer1.Interval = HScroll1.Value              '将滚动条的值赋给计时器的事件间隔属性
End Sub
```

(5) 将下列代码插入到原来的代码中。

```
Private Sub Command1_Click()
  If Command1.Caption = "开始" Then
    Command1.Caption = "停止"
    Timer1.Enabled = True
    Timer1.Interval = HScroll1.Value            '新增语句
  Else
    Command1.Caption = "开始"
    Timer1.Enabled = False
  End If
End Sub
```

(6) 试运行。在单击“开始”按钮后，单击随机出现的地鼠，击中地鼠将加分100，并显示在标签 Label1 中；当用鼠标操作滚动条改变快慢值后，“地鼠”的显示间隔将发生变化。

编程技巧：一般情况下水平滚动条的左边是最小值(Min 属性)、右边是最大值(Max 属性)，垂直滚动条上边是最小值、下方是最大值。当水平滚动条或垂直滚动条用于速度、音量等控制时，其大小值正好与习惯相反，可以在 Min 属性中设置最大值、Max 属性中设置最小值，如本任务中所示。另外，在滚动条控件中拖动滚动条把手触发的是 Scroll 事件，而单击滚动条的空白区或滚动条两头的按钮触发的是 Change 事件，使用滚动条可以考虑两个事件的互相调用，减少代码。

【任务作业】

(1) 完成实训内容,尝试将水平滚动条改成垂直滚动条,进行速度调节。

(2) 思考如何将固定的时间间隔改为滚动条设定值上下 30%范围内随机的时间间隔。(提示:用 Int(((HScroll1. Value * 1.3－HScroll1. Value * 0.7) * 10＋1) * Rnd)/10＋HScroll1. Value * 0.7 给计时器的间隔时间属性赋值。)

任务 2.4 为“打地鼠”游戏添加背景音乐

【任务目标】

1. 实现“打地鼠”游戏的背景音乐功能,并通过复选框实现音乐的开启与关闭。
2. 学习 VB 多媒体相关控件的使用,掌握选项按钮控件的编程使用。

1. 任务情景描述

背景音乐可以使得游戏变得更有趣味,本任务是通过多媒体播放控件为“打地鼠”游戏添加背景音乐,使得游戏者可以边听音乐边玩游戏,增加游戏的趣味性。

为方便用户使用,将游戏程序目录下的音乐文件设计为自动乱序播放,即只要把音乐文件复制到程序目录中,都被自动添加到播放列表中,由程序随机进行播放。

2. 设计思路

Microsoft Multimedia Control 控件是 VB 自带的多媒体播放控件,支持多种音乐格式文件的播放,通过该控件的编程可以实现游戏背景音乐的播放。

为了能发现程序目录下的音乐文件,可以使用文件列表控件,并设置其扩展名过滤,实现对音乐文件的列表,并采用随机数来完成随机播放功能。

3. 实训内容

(1) 添加多媒体播放控件。选择 VB 编程窗口菜单的“工程”→“部件”命令,打开“部件”对话框,在控件列表中选中 Microsoft Multimedia Control 6.0 复选框,单击“确定”按钮退出。

在工具栏中新增了多媒体播放控件,通过双击在界面设计窗口中添加控件 MMControl1,如图 2-12 所示。由于是用于背景音乐的播放,因此修改其 Visible 属性为 False,即不可见。

(2) 添加复选框控件 Check1,并将 Caption 修改为“播放背景音乐”。

(3) 添加一个文件列表框 File1。

(4) 新增以下代码。

```
Private Sub Form_Load()
  '该模块原程序不变,以下为新增
  File1.Path = WorkPath                '将文件列表框的路径设置与程序路径相同
  File1.Pattern = "*.wav"              '设置文件过滤器为 WAV 音乐文件
```

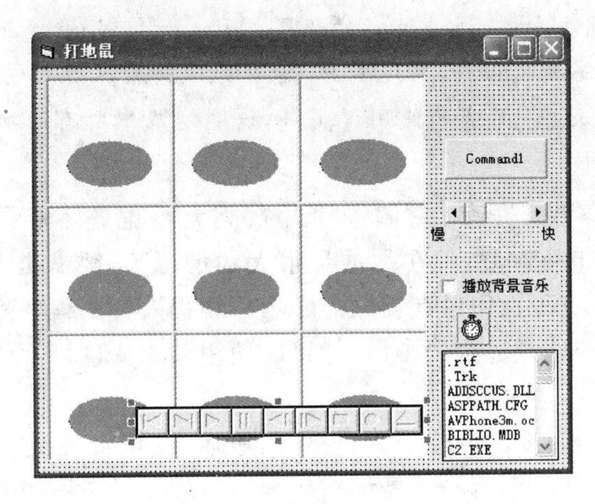

图 2-12　新增多媒体播放控件

```
    File1.Refresh                          '更新文件列表
End Sub

Private Sub Check1_Click()
    Dim MusicIdx As Integer
    Dim MusicName As String
    If Check1.Value = 1 Then               '假如复选框被选中
        PlayMusic
    Else
        MMControl1.Command = "Close"       '关闭设备,停止播放
    End If
End Sub

Sub PlayMusic()
    If File1.ListCount >= 1 Then           '假如音乐文件数量大于等于 1
        MusicIdx = Int(Rnd * File1.ListCount)'取得 0~(文件数-1)之间的随机数
        MusicName = WorkPath & File1.List(MusicIdx)  '取得音乐文件名
        MMControl1.Notify = True
        MMControl1.DeviceType = "WaveAudio"'设置设备类型为 WAV
        MMControl1.FileName = MusicName
        MMControl1.Command = "Open"        '打开设备
        MMControl1.Command = "Play"        '播放
    End If
End Sub

Private Sub MMControl1_StatusUpdate()      '播放完毕后自动播放下一首
        MMControl1.Command = "Close"
        PlayMusic
End Sub
```

(5) 找几首动听的 WAV 音乐文件，复制到所编写程序的目录下，试运行程序。

【任务作业】

(1) 由于 Microsoft Multimedia Control 控件默认不能直接播放 MP3 文件，需上网查

找播放 MP3 文件的解决方案，通过特定的设置，Microsoft Multimedia Control 控件也可以播放 MP3 文件，编写相关程序，实现 MP3 背景音乐播放。

(2) 尝试编写“打地鼠”游戏的使用说明书，说明游戏中所有的功能使用方法。

项目小结

VB 6.0 的数据类型有很多，它们占用的空间大小也各不相同。虽然每个数据在 Windows 系统环境中并不起眼，但在数据量很大的情况下，数据类型的选择将对程序的运行速度和 Windows 资源占用量有较大的影响。编程人员在编写程序的时候，应养成好习惯，在使用变量时，应选择适合的类型，尽可能使用动态变量，尽可能在用完后回收变量空间。

变量的作用域决定了变量的作用，超过作用域后，变量将会变得无效，这既是问题又是机会。软件工程学中有个理论，就是结构化程序设计要提高程序模块的内聚性，降低模块间的外耦性，也就是尽可能不要采用全局变量，而尽可能采用局部变量。这便于结构化程序开发团队中成员分别承担不同模块的编程，以减少因不同人定义全局变量的命名、使用产生的困扰。当必须进行模块间数据传递时，可以使用模块参数表进行，这将在以后项目中学习。

在程序运行过程中，经常会遇到各种错误而无法运行，掌握程序的调试方法，对提高编程的效率和避免程序错误很重要。

软件的设计贵在对软件的功能和实现方法有清晰的思路，如果有软件工程学的基础，将对软件设计有较大的帮助。编程者在开始前，应该重点思考要做什么，然后才是怎么去做，最后是怎样做得更好。在本书中，同学们应该在学习必备知识的基础上，注意学习各项任务的设计思路，尽快适应用编程来解决实际问题。

项目 3　简易计算器

项目目的

通过该项目的实训，要求学生熟悉 VB 运算符的基本使用；掌握顺序语句，选择语句和循环语句的编程；掌握控件数组的基本使用。

项目要求

基本要求：开发一个简单的计算器程序，能够实现基本的算术四则运算功能。

拓展要求：为简易计算器程序添加正负数输入的功能和清除数据的功能。

任务 3.1　必备知识与理论

【任务目标】

1. 掌握 VB 的各类运算符知识。
2. 掌握基本的程序结构（顺序结构、选择结构、循环结构）。
3. 掌握辅助控制语句的运用。

3.1.1　VB 运算符和表达式

1. 算术运算符

VB 中的运算符包括“^”（乘方）、“－”（负号）、“＊”（乘）、“/”（除）、“\”（整除）、“Mod”（取模）、“＋”（加）、“－”（减）。它们的优先级分别如表 3-1 所示。

表 3-1　算术运算符的优先等级

优先级	高←——————————→低							
	1	2	3	4	5	6	7	8
运算符	^乘方	－负号	＊乘	/除	\整除	Mod 取模	＋加	－减

在算术运算中，参加运算的数值精度不同时，运算结果的精度与这些参加运算的数值精度有关，一般与精度最高的数据类型相同。精确度由最低到最高的顺序是 Byte、Integer、Long、Single、Double、Currency 和 Decimal。但也有例外的情况，如一个 Single 和一个 Long 相加，结果是 Double，详细规则查阅 MSDN。

2. 字符串运算符

字符串运算符有两个（“&”、“＋”），都用于连接两个字符串。其中，“&”两端的操作数可以是字符型也可以是数值型；“＋”要求两端的操作数必须是字符型，否则一边是数值一边是字符串则会产生一个类型不匹配错误。

3. 关系运算符

关系运算符包括“＝”（等于）、“＞”（大于）、“＞＝”（大于等于）、“＜”（小于）、“＜＝”（小于等于）、“＜＞”（不等于）、“Like”（字符串匹配）、“Is”（对象引用比较）。

关系运算的最终结果是 True、False 或 Null。其中 Null 是指运算结果或变量不含有效数据，注意它与 Empty 的区别，Empty 是指尚未对 Variant 变量指定初始值。

关系运算符表达式中，不同类型的数据进行运算时，数据精度会根据情况处理后再作比较。例如，当一个 Single 与一个 Double 作比较时，Double 会进行舍入处理而与 Single 有相同的精确度。如果一个 Currency 与一个 Single 或 Double 进行比较，则 Single 或 Double 转换成一个 Currency。与此相似，当一个 Decimal 与一个 Single 或 Double 进行比较时，Single 或 Double 会转换成一个 Decimal。对于 Currency，任何小于 0.0001 的小数都将被舍弃；对于 Decimal，任何小于 1 E-28 的小数将被舍弃，或者可能产生溢出错误。舍弃这样的小数部分会使原来不相等的两个数值经过比较后相等。

4. 逻辑运算符

VB 的逻辑运算符包括“Not”（取反）、“And”（与）、“Or”（或）、“Xor”（异或）、“Eqv”（等价）、“Imp”（蕴涵）等。逻辑运算的结果是 True 或 False。

它们的优先级分别如表 3-2 所示。

表 3-2　逻辑运算符的优先等级

优先级	高←→低				
	1	2	3	4	5
运算符	Not	And	Or、Xor	Eqv	Imp

5. 表达式

表达式由变量、常量、运算符和圆括号等组成。表达式通过运算后有一个结果，结果的类型由数据和运算符共同决定。

在一个表达式中出现多种不同类型的运算符时，运算符优先级：算术运算符＞关系运算符＞逻辑运算符，可通过圆括号改变优先级。

3.1.2 VB 程序控制结构

VB 的程序控制结构类型包括顺序结构、选择结构、循环结构。

1. 顺序结构

VB的顺序结构是依次按语句顺序执行的程序结构。传统的BASIC必须在语句前部加上“行号”，BASIC环境按语句行号解释执行对应的语句；但在VB中语句的行号不再是执行语句顺序的依据，顺序结构的语句执行依据就是其所在编辑行的顺序。

例如：

```
Dim A As Integer, B As Integer
A=1
B=2
Print A+B
```

上述语句即依次先定义两个整型变量，接着给变量赋值，最后在窗体上打印表达式的运算结果。

2. 选择结构

(1) 单分支If…Then语句

单分支If…Then语句的格式有以下两种。

```
① If <表达式> Then
      <语句块>
   End If
② If <表达式> Then <语句>
```

其中，表达式一般为关系表达式、逻辑表达式，也可以是算术表达式，表达式的值按非零为True，零为False进行判断。前一种格式中的语句块可以是一条或多条语句；后一种形式中语句则只能是一条语句，或用冒号分隔的多条语句，注意必须在一行上书写。

单分支选择语句的作用是当表达式的值为非零(True)时，执行Then后面的语句块(语句)，否则不做任何操作。

(2) 双分支If…Then…Else语句

双分支If…Then…Else语句的格式有以下两种。

```
① If <表达式> Then
      <语句块 1>
   Else
      <语句块 2>
   End If
② If <表达式> Then <语句 1> Else <语句 2>
```

双分支选择语句的作用是当表达式的值为非零(True)时，执行Then后面的语句块1(语句1)；否则执行Else后面的语句块2(语句2)。

(3) 多分支If…Then…Else If语句

多分支If…Then…Else If语句的格式如下：

```
If <表达式 1> Then
```

```
    <语句块 1>
  ElseIf <表达式 2> Then
    <语句块 2>
  …
  [Else
    <语句块 n> ]
  End If
```

该多分支选择语句的作用是根据不同表达式确定执行哪个语句块，其测试顺序：表达式 1、表达式 2……一旦遇到表达式的值为非零(True)，则执行该表达式下的语句块(语句)。

(4) Select Case 语句

Select Case 语句的格式如下：

```
Select Case <变量或表达式>
  Case   <表达式列表 1>
    <语句块 1>
      Case <表达式列表 2>
    <语句块 2>
  …
   [Case Else
     <语句块 n>]
End Select
```

其中，<变量或表达式>可以是数值型或字符串表达式，<表达式列表>可采用以下几种形式。

① 表达式形式。例如：intX+1。

② 一组用逗号分隔的枚举表达式列表。例如：90,91,92。

③ 表达式 1 to 表达式 2。例如：90 to 100。

④ Is 关系运算符表达式。例如：Is < 60。

<表达式列表>若有多个表达式构成，则用逗号分隔。例如：Case 1,2,3, Is > 5。但要注意的是：<表达式列表>的类型与前面的<变量或表达式>的类型必须相同。

SelectCase 语句的作用是以<变量或表达式>的值为测试值，将其与各 Case 子句中的值比较决定执行哪一组语句块，如果有多个 Case 子句的值与测试值匹配，则执行第一个与之匹配的语句块。

3. 循环结构

(1) For 循环语句

For 循环语句一般用于循环次数已知的循环，使用形式如下：

```
For <循环变量> = <初值> to <终值> [Step <步长>]
  <语句块>
  [Exit For]
  <语句块>
Next [<循环变量>]
```

其中,循环变量必须为数值型；步长一般为正,初值小于终值,若步长为负,则初值大于终值,默认步长为1；语句块可以是一条或多条语句；Exit For 用于结束 For 语句,总是出现在选择语句的内部,嵌套在循环语句中,通常用于在满足一定条件下提前结束循环。

(2) Do...Loop 循环语句

Do...Loop 循环语句既可用于循环次数确定的情况,也可用于循环次数未知的情况,使用形式有如下两种。

```
① Do { While | Until } <条件>
     <语句块>
     [Exit Do]
     <语句块>
   Loop
② Do
     <语句块>
     [Exit Do]
     <语句块>
   Loop { While | Until } <条件>
```

当使用 While <条件>构成循环时,若<条件>为 True,则反复执行循环体；<条件>为 False 时退出循环。

当使用 Until<条件>构成循环时,若<条件>为 False;则反复执行循环体,<条件>为 True 时退出循环。

注意: 在循环体内要有使循环条件趋于不成立(成立)的语句,从而达到退出循环的目的。

(3) 循环的嵌套

若在一个循环内完整地包含另一个循环结构,则称为多重循环或循环嵌套,嵌套的层数可根据需要而定。前面介绍的几种循环语句均可以相互嵌套。

4. 辅助控制语句

(1) Goto 语句

Goto 语句的作用是将程序流程无条件地转移到标号或行号指定的语句。其形式如下:

```
Goto {标号|行号}
```

其中,<标号>是以字母开头以冒号结尾的字符组合,必须放在行的开始位置；<行号>是一个数字序列,也必须放在行的开始位置。

Goto 只能跳到它所在过程中的行,并且在一个过程中标号或行号都必须是唯一的。

注意: Goto 语句是非结构化语句,过多地使用 Goto 语句会使程序可读性降低,因此建议尽量少用或不用 Goto 语句。

（2）End 语句

独立的 End 语句使用形式如下：

```
End
```

其功能是结束一个程序的运行。

【任务作业】

（1）分别用 IF 语句和 Select Case 语句编写一个小程序，用来判断文本框中的分数等级为优秀、良好、中、及格、不及格。

（2）分别用 For 循环语句和 Do 循环语句计算 1～100 的和。

（3）用循环语句在窗口上打印乘法九九表。

任务 3.2　简易计算器的编程

【任务目标】

1. 编程制作一个基本的计算器，可以实现数字的输入和基本的四则运算。
2. 进一步熟悉并掌握控件数组的运用。
3. 通过实训掌握选择语句结构的用法。

1. 任务情景描述

计算器是常用 Windows 工具中自带的。本任务是模仿 Windows 中的计算器，制作一个相似的计算器，如图 3-1 所示，能够进行四则运算。

在设计中，尽可能使得输入习惯、运算操作与 Windows 中的计算器相同。可以通过对 Windows 计算器的操作，来体会它的操作过程，从而构想自己设计计算器的思路。

2. 设计思路

利用 VB 中控件数组的优势进行数据的输入以及相应的四则运算。将数字键设计为一组下标同键上数字对应的数组，当按某数字键时，即可通过该按钮的下标，得到对应的数字值。

在计算器工作时，最主要的是要区分数值的输入特点。在 Windows 计算器中输入数值前，总是显示“0.”，当输入数字时，如果没有按过运算符，后续的数字应该接在前边数字的后边，组成一组数值。因此可以设置一个全局变量，初始时为 True，文本框显示“0.”；当按一个数字键后，变为 False，文本框被新输入的数字取代；再按数字键，则数字将接在文本框已有的数字后边，实现成串数值的输入。并且，在运算完毕后，这个全局变量应该恢复为 True，使得下次再输入的数字能够作为初始数字按前边的描述重复进行。

编程技巧：在软件编程中，经常采用一些变量保存某些“状态”，可以称为“标志”，在低级语言编程中常用到标志位，高级语言中为方便也可以直接用“标志变量”。为了在各模块中都能检测这些标志，可以将这些变量设置为全局公共变量。在程序调试中，为检测程序运行的状态，同样也可以设置一些标志变量，并通过适当的方法显示其值，来跟踪程序的运行。

3. 实训内容

“计算器”程序运行后的初始化界面如图3-1所示。0～9为10个数字，+、-、*、/为4个运算符号，在程序中设计两个命令按钮控件数组，其余均为单个控件。使用该计算器程序可以实现数据的加减乘除运算。

（1）进入VB后，新建一个“标准EXE”项目，在工程1的设计窗口Form1上添加一个Frame1和一个Text1、一个控件数组Command1和一个控件数组Command2，两个按钮控件Command3、Command4，布局如图3-2所示。

图3-1　“计算器”程序运行后的初始化界面

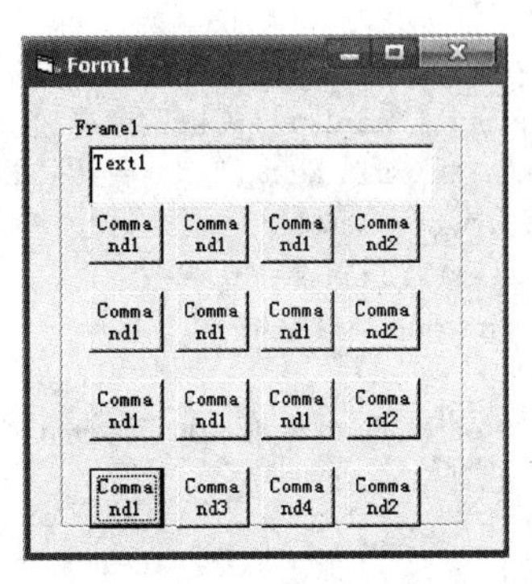

图3-2　“计算器”的控件布局

（2）修改相关的控件属性。选中设计窗口中的控件，在编辑窗口右边的属性窗口中修改相关属性值。其中：Frame1的Caption属性修改为空；Text1的Text属性修改为“0.”，Command1控件数组成员Command1(0)的Caption属性修改为“0”，Command1(1)的Caption属性修改为“1”，Command1(2)的Caption属性修改为“2”……直到Command1(9)的Caption属性修改为“9”；Command2控件数组成员Command2(0)的Caption属性修改为“+”，Command2(1)的Caption属性修改为“-”，Command2(2)的Caption属性修改为“*”，Command2(3)的Caption属性修改为“/”，Command3的Caption属性修改为“.”，Command4的Caption属性修改为“=”。

（3）输入相关事件的代码。

```
Private firstone As Boolean                    '定义的布尔类型
Private value As Double                        '保存一个操作数
Private operator As Integer                    '定义操作运算符

Private Sub Form_Load()                        '初始化变量 firstone 的值
  firstone = True
End Sub

Rem 0 到 9 的数字按钮
Private Sub Command1_Click(Index As Integer)
```

```
    If firstone Then                              '如果为第一位,直接将值赋予文本框中
      Text1.Text = Index
      firstone = False
    Else                                          '如果不是第一位,连接在以前值的后面
      Text1.Text = Text1.Text & CStr(Index)
    End If
End Sub

Rem 四则运算符号
Private Sub Command2_Click(Index As Integer)
    Command4_Click
    operator = Index
End Sub

Rem 小数点按钮
Private Sub Command3_Click()
    If InStr(Text1.Text, ".") = False Then        '判断字符串中没有小数点
      If firstone Then                            '如果为第一位,直接显示 0.形式
        Text1.Text = "0."
        firstone = False                          '后面输入的不再为第一位
      Else
        Text1.Text = Text1.Text & "."             '如果不是第一位,直接连接在原信息后面
      End If
    End If
End Sub

Rem 等于号按钮
Private Sub Command4_Click()
    Select Case operator
      Case 0
        value = Val(Text1.Text)
      Case 1
        value = value + Val(Text1.Text)
      Case 2
        value = value - Val(Text1.Text)
      Case 3
        value = value * Val(Text1.Text)
      Case 4
        If Val(Text1.Text) = 0 Then
          MsgBox "被除数不能为 0"
          Exit Sub
        End If
        value = value / Val(Text1.Text)
    End Select
    operator = 0
    firstone = True
    Text1.Text = value
End Sub
```

(4) 试运行。单击按钮输入需要参加运算的数据,测试四则运算的实现过程。

【任务作业】

(1) 完成编程内容,调试成功。并对比 Windows 自带的计算器,找出主要的不同,思考趋同的办法。

(2) 将任务程序代码中的 Select Case 语句换成 If 语句,重新调试,完成任务。

任务3.3　简易计算器的完善

【任务目标】

1. 完善简易计算器功能,为简易计算器增加负数的运算功能。
2. 完善简易计算器功能,为简易计算器增加清除功能。

1. 任务情景描述

任务3.2完成的计算器只能实现正数的运算,因为它无法输入负数。如图3-3所示,取负按钮+/−和清除键C、CE是Windows计算器都有的功能,在计算器使用中必不可少。通过取负按钮,可以将输入的数值取其负值,方便运算;而C和CE键则能初始运算状态或清除刚输入的数值,为下次运算做好准备。

本任务将通过编程模仿计算器的这些功能按钮,完善简易计算器功能。

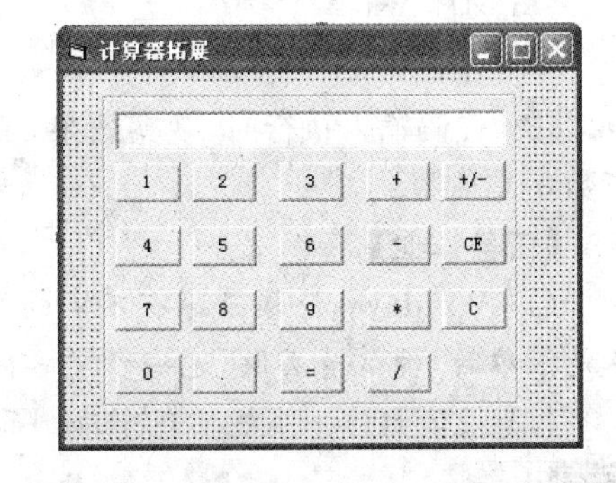

图3-3　经过拓展完善后的计算器设计界面

2. 设计思路

(1) 实现取负操作比较简单,可以这样理解:

当计算器初始化状态没有输入任何数值时,按取负键则相当于输入一个负号;当已经输入数值后按取负键,则要判断原来的数值是否为负,是负的改正,是正的改负。

(2) 清除键C,是初始化按钮,将所有的运算状态和数值初始化,编程中用到的变量都初始化为程序启动状态。

(3) 清除键CE,则是用于清除刚输入的数值,只要文本框内容还原成空即可。

3. 实训内容

(1) 保留任务3.2中的各控件,添加一个按钮控件Command5,修改其Caption属性为+/−;添加一个按钮控件Command6,修改其Caption属性为C,实现清除前面输入的所有数据和选择的计算功能;再添加一个按钮控件Command7,修改其Caption属性为CE,实现清除刚输入文本框中的数据功能,如图3-3所示。

(2) 添加以下功能代码。

```
Rem 正负号按钮
Private Sub Command5_Click()
```

```
    If firstone Then
      Text1.Text = "-"
    ElseIf Left$(Text1.Text, 1) = "-" Then
      Text1.Text = Right$(Text1.Text, Len(Text1.Text) - 1)      '取子字符串
    Else
      Text1.Text = "-" & Text1.Text
  End If
End Sub

Rem C 按钮
Private Sub Command6_Click()
  Text1.Text = ""
  value = 0
  operator = 0
End Sub

Rem CE 按钮
Private Sub Command7_Click()
  Text1.Text = ""
End Sub
```

(3) 代码输入执行时,观察效果,可以在输入数据时单击该按钮来决定输入的是一个正数还是负数。

【任务作业】

(1) Windows 计算器还有不少的功能,如 M+、%等,要在计算器中添加这些按钮也不是很难的,尝试着去做,进一步完善简易计算器。

(2) 设计制作一个能实现十进制和十六进制、八进制转换计算的特殊计算器。

项目小结

计算器是一个常见的工具,但设计一个得心应手的计算器涉及用户界面设计、按键逻辑设计、程序代码优化等多方面的知识。尤其是计算器的功能是无限的,有兴趣的学习者可以根据现有的计算器及其使用说明,模仿其功能,不断改进项目开发内容,以提升自己的软件编程水平。编程过程中,特别要注意良好编程习惯的培养,注重人机交互的科学性和人们的使用习惯。

艺术家在学习绘画的时候,有一个漫长的临摹阶段,学习前辈的技巧,以培养自己的能力。这可以得到一个启发:学习编程的时候,可以将前人已经推出的成熟软件或程序作为学习的模板进行不懈的"临摹"学习,直到掌握技巧,能够得心应手地开发应用软件。

项目4　身份证信息分析处理软件编程

项目目的

通过该项目的实训，要求学生熟悉通过编程进行简单数据分析的基本方法；熟悉字符串函数的使用方法；掌握函数和过程、系统函数的概念；熟悉函数或过程参数传递、数组、排序等应用。

项目要求

基本要求：目前电子商务中经常需要采集客户信息，一些企业注册网页通过客户注册的身份证信息可以提取不少有用资料。在这个项目中可以学习如何对采集的数据进行挖掘、加工。要求通过对身份证信息的加工分析，验证身份证号码的有效性，提取身份证中的年龄、性别、区域等信息。

拓展要求：设计统计功能，对提取的信息进行归纳、统计。

任务4.1　必备知识与理论

【任务目标】

1. 掌握VB函数和过程的概念，熟悉其参数传递的方法。
2. 掌握数组的概念和运用。
3. 掌握VB基本控件(组合文本框、列表框)。
4. 学习排序算法和递归算法。

4.1.1　VB函数及调用方法

VB的函数分为内部函数和自定义函数两种。内部函数是VB编程环境自带的，用户可以直接调用；自定义函数是用户根据需要用Function关键字定义的函数过程，是可以用来完成特定功能的独立代码段。自定义函数和内部函数一样，通过调用可以返回一个值。

函数可以在窗体模块或标准模块中定义。

1. 函数定义

Function函数的定义格式：

```
[Public|Private][Static]Function 函数名([参数表]) [As 类型]
  局部变量或常数定义
  语句块
  [函数名= 表达式]
  [Exit Function]
  [语句块]
End Function
```

(1) Function 函数以 Function 开头,以 End Function 结束,中间是函数体。

(2) 函数名的命名规则与变量名的命名规则相同,但应注意不要与同一模块中的变量同名。

(3) 参数又叫做形式参数或形参,参数表可以有多个参数。若是多个参数,参数之间要用逗号分隔。数组作为形参时不声明数组的大小,但不能省略括号,也可另加一个变量参数设定数组的大小。函数可以无参数,但函数名后的圆括号不能省略。

参数格式为:

```
[ByVal | ByRef] 变量名[()][As 数据类型]
```

其中,ByVal 表示当该过程被调用时,参数是按值传递的;ByRef 表示当该过程被调用时,参数是按地址传递的(默认为 ByRef)。形参是数组时,只能采用按地址传递方式,即定义形参数组时,前面不能加 ByVal 关键字。

(4) 在 Function 之前还可以加上表示过程作用域的关键字 Private 或 Public,Private 设定所编制的函数只能在本模块中被调用;Public 设定所编制的函数可以被其他模块的程序调用。Private 函数在被其他模块调用时,前面应加上该模块的名称和".",如 Form1 窗体模块中 Private 函数名为 FuncA 的函数在 Form2 中被调用,则描述为 Form1.FuncA。

(5) Function 函数的返回值是通过对函数名的赋值语句来实现的,即函数值通过函数名返回。因此一般函数体中都会有对函数名赋值的语句:函数名=表达式,如果没有,则函数返回默认值,如 0 或空字符串。

"As 类型"是 Function 函数返回值的类型,可以是 Integer、Long、Single、Double、Currency、Date 或 String;如果省略,则为 Variant。在 Function 函数体内,函数名可以当变量使用。

(6) 如果使用 Static 关键字,则该函数中所有局部变量的存储空间只分配一次,且这些变量的值在整个程序运行期间都存在,即在每次调用该过程时,各局部变量的值一直存在。如果省略 Static,过程每次被调用时重新为其变量分配存储空间,当该过程结束时释放其变量的存储空间。

2. 函数的调用

函数的调用与内部函数的调用没有区别,函数的调用有以下 3 种方法。

(1) 变量=函数名(实参数表)

(2) Call 函数名(实参数表)

(3) 函数名 实参数表

(1)是函数调用最常规的方法，可以返回函数值，而(2)、(3)调用函数时放弃函数返回值。

4.1.2 VB过程及调用

Sub过程分为事件过程和通用过程两大类。事件过程是当发生某个事件时，对该事件作出响应的程序代码，是VB应用程序的主体。事件过程由VB自行声明，用户不能增加或删除。有时不同事件过程使用同一段程序代码，可以把这段程序代码独立出来，作为一个公共的过程供其他事件过程调用，这样的过程称为通用过程。

使用过程进行编程，可以降低程序代码的冗余度、增加可读性，使得程序的结构化特征更加明晰。

1. Sub过程定义

Sub过程的定义格式：

```
[Public|Private][Static]Sub 过程名([参数表])
        局部变量或常数定义
        语句块
        [Exit Sub]
        [语句块]
End Sub
```

(1) Sub过程以Sub开头，以End Sub结束，中间是过程体。当执行了End Sub语句后，过程调用正常结束，也可以在过程体中通过Exit Sub语句提前结束过程。

(2) 过程名的命名规则与变量名的命名规则相同，但应注意不要与同一模块中的变量同名。事件过程的过程名为：对象名_事件名，如Command1_Click。应特别注意的是：当对象是窗体时，不管窗体名称如何定义，窗体事件过程中的对象名都使用Form，如Form_Load，只有在程序中对窗体进行引用才会用到窗体名称。

(3) 参数表的定义使用、Private或Public或Static关键字的使用形式与函数相同。

(4) 过程没有返回值，但可以通过形参与实参的传递得到结果，从而在调用时返回多个值，详见函数及过程的参数传递部分。

(5) Sub过程及Function函数都不能嵌套定义。也就是说，在Sub过程内，不能定义Sub过程或Function过程；不能用Goto语句或Return语句进入或退出一个Sub过程，只能通过调用执行Sub过程，而且可以嵌套调用。

2. 建立Sub过程

通用过程可以放在标准模块中，也可以放在窗体模块中，而事件过程只能放在窗体模块中。通用过程(包括函数)之间、事件过程之间、通用过程与事件过程之间，都可以相互调用。按照默认规定，通用过程为Public，这意味着在应用程序中可随处调用它们。

建立通用过程,可以使用以下两种方法。

(1) 在代码窗口中输入,操作步骤如下。

选择要建立 Sub 过程的窗体模块或标准模块,双击打开相应的“代码窗口”。在“代码窗口”的代码框中输入“Sub 过程名(参数表)”,按回车键后,自动生成“End Sub”关键字。此时,可以在 Sub 和 End Sub 之间输入程序代码。

(2) 使用“添加过程”对话框,操作步骤如下。

选择要建立 Sub 过程的窗体模块或标准模块,双击打开相应的“代码窗口”,选择“工具”→“添加过程”命令,打开“添加过程”对话框。

在“添加过程”对话框的“名称”文本框中输入要建立的过程名称;在“类型”选项组中选中“子程序”(如果添加函数则选中“函数”)单选按钮;在“范围”选项组中选择过程的适用范围,可以选中“公有的”或“私有的”单选按钮。选中“公有的”单选按钮时,所建立的过程可用于本工程内的所有窗体模块;选中“私有的”单选按钮时,所建立的过程只能用于本标准模块。单击“确定”按钮,关闭“添加过程”对话框。

3. 过程的调用

要执行一个过程,必须调用该过程。Sub 过程不能返回一个值,不能在表达式中调用 Sub 过程,必须使用一个独立的语句,有以下两种调用方法。

(1) 用 Call 语句调用 Sub 过程,格式如下:

```
Call 过程名 ([实参数表])
```

(2) 把过程调用作为一个语句,格式如下:

```
过程名 [实参数表]
```

说明:

(1) 实参必须与形参保持个数相同、位置与类型一一对应。形参是数组时,对应的实参也必须是数组,并且类型相同。调用时使用数组作为实参,其格式为:实参数组名(),无须输入下标值。

(2) 调用时把实参值传递给对应的形参。其中值传递(形参前有 ByVal 说明)时实参的值不随形参的值变化而改变,而地址传递时实参的值随形参值的改变而改变。

(3) 当参数是数组时,形参与实参在参数说明时应省略维数,但括号不能省略。

4. 函数及过程的参数传递实例

在定义函数和过程时使用的参数表称为形式参数,它们的数据类型可以分别定义。在前面的内容中已经作了说明,这里列举几个实例以便进一步理解。

例如:

```
Private Sub Command1_Click()
  Dim A As Integer, B As Single, C As Single
  A = 5
  B = 3.14159
```

```
    C = Area(A, B)
    Print C
End Sub

Function Area(R As Integer, Pi As Single)
    Area = R * R * Pi
End Function
```

这是一个圆面积计算的函数调用。按钮单击事件过程中的实际参数A与函数形式参数R相互对应,类型、位置一致,而B与Pi一致,也是实参与形参的关系。

例如:

```
Private Sub Command1_Click()
    Dim A As Integer, B As Single, C As Single, D As Single, E As Integer
    A = 5
    B = 3.14159
    Area A, B, C, D, E
    Print A, B, C, D, E
End Sub

Sub Area(R As Integer, Pi As Single, S As Single, Ci As Single, D As Integer)
    S = R * R * Pi
    D = 2 * R
    Ci = Pi * D
End Sub
```

同样这是一个跟圆相关的过程,按钮事件过程中的实际参数A、B、C、D、E分别与过程Area中的形参半径R、圆周率Pi、面积S、周长Ci及直径D相对应。注意形参中的D与实参中的D是两个完全没有关系的变量,不因为名称的相同而产生数据直接对应的传递关系。

通过过程的参数传递,可以通过一个过程处理,同时返回圆面积、直径、周长等计算结果。

例如:

```
Private Sub Command1_Click()
    Dim A As Integer, B As Integer
    A = 2
    B = 3
    PROC A, B
    Print A, B
End Sub

Sub PROC(ByVal X As Integer, ByRef Y As Integer)
    X = 2 * X
    Y = 2 * Y
End Sub
```

这是一个参数传递类型的典型实例。过程中的X和Y分别是传值型、传址型参数,经过过程处理后,实参 A 保持原有变量值 2,而 B 则被倍乘得结果为 6。即可以理解为变量 B 与变量 Y 共用一个内存地址来存放变量值,当 Y 改变时,B 也同时改变,所以称为传址型参数;变量 A 和 X 则完全不同,它们在内存空间中的存储位置是相对独立的。

4.1.3 内部函数

VB 提供了丰富的内部函数供编程人员使用,以降低开发强度。

常用的内部函数包括类型转换函数、数学函数、日期与时间函数、随机数函数、字符串函数、窗体输入/输出函数和文件操作函数等。

1. 类型转换函数

(1) Int(x):求不大于自变量 x 的最大整数。

(2) Fix(x):去掉一个浮点数的小数部分,保留其整数部分。

(3) Hex$(x):把一个十进制数转换为十六进制数。

(4) Oct$(x):把一个十进制数转换为八进制数。

(5) Asc(x$):返回字符串 x$ 中第一个字符的 ASCII 字符。

(6) Chr$(x):把 x 的值转换为相应的 ASCII 字符。

(7) Str$(x):把 x 的值转换为一个字符串。

(8) Cint(x):把 x 的小数部分四舍五入,转换为整数。

(9) Ccur(x):把 x 的值转换为货币类型值,小数部分最多保留 4 位且自动四舍五入。

(10) CDbl(x):把 x 值转换为双精度数。

(11) CLng(x):把 x 的小数部分四舍五入转换为长整数型数。

(12) CSng(x):把 x 值转换为单精度数。

(13) Cvar(x):把 x 值转换为变体类型值。

(14) VarPtr(var):取得变量 var 的指针。

2. 常用数学函数

(1) Sin(x):返回自变量 x 的正弦值。

(2) Cos(x):返回自变量 x 的余弦值。

(3) Tan(x):返回自变量 x 的正切值。

(4) Atn(x):返回自变量 x 的反正切值。

(5) Abs(x):返回自变量 x 的绝对值。

(6) Sgn(x):返回自变量 x 的符号,即当 x 为负数时,返回 -1;当 x 为 0 时,返回 0;当 x 为正数时,返回 1。

(7) Sqr(x):返回自变量 x 的平方根,x 必须大于或等于 0。

(8) Exp(x):返回以 e 为底,以 x 为指数的值,即求 e 的 x 次方。

3. 常用日期与时间函数

(1) Day(Now)：返回当前的日期。

(2) WeekDay(Now)：返回当前的星期。

(3) Month(Now)：返回当前的月份。

(4) Year(Now)：返回当前的年份。

(5) Hour(Now)：返回小时(0～23)。

(6) Minute(Now)：返回分(0～59)。

(7) Second(Now)：返回秒 (0～59)。

(8) Now：返回当前日期与时间。

(9) Date：返回当前日期。

(10) Time：返回当前时间。

(11) Timer：返回午夜 0：00 到现在的秒数,精确到 1/100 秒。

4. 随机数函数

(1) Rnd[(x)]：产生一个[0～1)之间的单精度随机数,这是计算机内部随机数表提供的随机数。使用时最好用 Randomize 函数来初始化它的生成"种子",即随机数表的初始提取位置,不然其随机性还是有规律可循的。

(2) Randomize [(x)]：初始化随机数生成器,x 省略时将 Timer 值作为随机数种子。

5. 字符串函数

(1) LTrim$(字符串)：去掉字符串左边的空白字符。

(2) Rtrim$(字符串)：去掉字符串右边的空白字符。

(3) Left$(字符串,n)：取字符串左边的 n 个字符。

(4) Right$(字符串,n)：取字符串右边的 n 个字符。

(5) Mid$(字符串,p,n)：从位置 p 开始取字符串的 n 个字符。

(6) Len(字符串)：测试字符串的长度。

(7) String$(n,字符串)：返回由 n 个字符组成的字符串。

(8) Space$(n)：返回 n 个空格。

(9) InStr(字符串 1,字符串 2)：在字符串 1 中查找字符串 2。

(10) Ucase$(字符串)：把小写字母转换为大写字母。

(11) Lcase$(字符串)：把大写字母转换为小写字母。

6. 窗体输入/输出函数

(1) Print(字符串)：在窗体输出字符串,可以用"&"对变量进行连接后输出。

(2) Tab(n)：把光标移到该行的 n 列开始的位置。

(3) Spc(n)：跳过 n 个空格。

(4) Cls：清除当前窗体内的显示内容。

(5) Move 左上角 x,左上角 y,宽度,高度：移动窗体或控件到(x,y)坐标点,并修改为指定宽度、高度。

(6) InputBox(prompt,…)：跳出一个数据输入窗口,返回值为该窗口的输入值。

(7) MsgBox(msg,[type]…)：跳出一个提示窗口。

7. 文件操作函数

(1) Open 文件名 [For 方式] [Access 存取类型] [锁定] AS [#]文件号 [Len=记录长度]：为文件的输入/输出分配缓冲区,并确定缓冲区所使用的存取方式。

下面进行具体说明。

① 方式：指定文件的输入/输出方式,可选,可以是以下值。

(a) Output：指定顺序输出方式,将覆盖原有内容。

(b) Input：指定顺序输入方式。

(c) Append：指定顺序输出方式,在文件末尾追加内容。

(d) Random：指定随机存取方式,是默认方式。在 Random 方式时,如果没有 Access 子句,则在执行 Open 语句时,VB 将按下列顺序打开文件：读/写、只读、只写。

(e) Binary：指定二进制文件。在这种方式下,可以用 Get 和 Put 语句对文件中任何字节位置的信息进行读/写。在 Binary 方式中,如果没有 Access 子句,则打开文件的类型与 Random 方式相同。

② 存取类型：放在关键字 Access 之后,用来指定访问文件的类型。可以是下列类型之一。

(a) Read：打开只读文件。

(b) Write：打开只写文件。

(c) Read Write：打开读/写文件。这种类型只对随机文件、二进制文件及用 Append 方式打开的文件有效。

③ 锁定：该子句只在多用户或多进程环境中使用,用来限制其他用户或其他进程对打开进行读/写操作。锁定类型包括如下几种。

(a) 默认：如不指定锁定类型,则本进程可以多次打开文件进行读/写；在文件打开期间,其他进程不能对该文件执行读/写操作。

(b) Lock Shared：任何机器上的任何进程都可以对该文件进行读/写操作。

(c) Lock Read：不允许其他进程读该文件。只在没有其他 Read 存取类型的进程访问该文件时,才允许这种锁定。

(d) Lock Write：不允许其他进程写这个文件。只在没有其他 Write 存取类型的进程访问该文件时,才允许这种锁定。

(e) Lock Read Write：不允许其他进程读/写这个文件。

如果不使用 Lock 子句,则默认为 Lock Read write。

④ 文件号：由用户自行指定一个 1～511 之间的整数,只要该文件号未被使用就合法；打开文件后,可以用该文件号进行读/写等操作。

⑤ 记录长度：是一个整型表达式。当选择该参量时,为随机存取文件设置记录长

度。对于用随机访问方式打开的文件,该值是记录长度;对于顺序文件,该值是缓冲字符数。“记录长度”不能超过32 767字节。对于二进制文件,将忽略Len子句。

举例:Open "price.dat" for Output as ＃1

Open "C:\abc.dat" for radom as ＃1 len=256

(2) Close [＃文件号][,＃文件号]...:关闭文件。

(3) Seek ＃文件号,位置:文件指针跳到指定位置,以字节为单位,取值1～pow(2,31)－1。

(4) Seek (文件号):返回当前文件指针的位置。

(5) FreeFile():取得一个未使用的文件号。

(6) Loc(文件号):返回指定文件的当前读/写位置。

(7) LOF(文件号):返回文件长度。

(8) EOF(文件号):用来测试文件是否结束,结束返回True。

(9) Print ＃文件号,变量1,变量2,...,变量n:按顺序将各变量的值写入顺序文件。如果是Print ＃文件号,则写入空行。

(10) Write ＃文件号,表达式表...:作用同Print。

(11) Input ＃文件号,变量表....:读顺序文件,进行与Print相反的操作。

(12) Line Input ＃文件号,字符串变量:从顺序文件中读入一行。

(13) Input$(n,＃文件号):从顺序文件读出n个字符的字符串。

(14) Put ＃文件号,[记录号],变量:把除对象变量和数组变量外的任何变量(包括号含有单个数组元素的下标变量)的内容写入随机文件。

例如:Put ＃2,,filebuff

(15) Get ＃文件号,[记录号],变量:读随机文件,执行与Put相反的操作。

(16) Get|Put ＃文件号,[位置],变量:读/写二进制文件,位置是指下一次读/写操作的位置。

(17) Kill 文件名:删除文件。

(18) FileCopy 源文件名,目标文件名:复制文件。

(19) Name 源文件名 as 新文件名:重命名文件。

4.1.4　数组与控件数组

1. 数组

数组的引入为VB处理大量同一类型数据带来了很多便利。数组是一组相同类型数据的集合,用数组名加下标可以表示数组中的各个元素。可以把一维数组当作一个由N个成员组成的线性队列看待,而一个二维数组则是一张由行列排列而成的二维表。

(1) 一维数组

一维数组的声明格式如下:

```
Dim　数组名(下标) [As 类型]
```

其中，下标必须是整型常量；下标的形式为：[下界 To]上界；一维数组的大小为：上界值－下界值＋1；若省略下界则下界默认为 0。

“[As 类型]”的方框表示该部分可省略，若省略则表示声明的是变体数组。

例如：

```
Dim MyData(1 To 5) As Integer
```

包括了 MyData(1)、MyData(2)、…、MyData(5)共 5 个元素。

(2) 多维数组

多维数组的声明格式如下：

```
Dim  数组名(下标 1[,下标 2…]) [ As 类型]
```

其中，下标的个数决定了数组的维数；各维的大小为：上界－下界＋1；数组的大小为各维大小的乘积。

例如：

```
Dim MyData(3, 2 To 3) As String
```

包括的元素有：

```
MyData(0, 2)  MyData(0, 3)
MyData(1, 2)  MyData(1, 3)
MyData(2, 2)  MyData(2, 3)
MyData(3, 2)  MyData(3, 3)
```

共计 4×2 个。

(3) 动态数组

动态数组是指在声明时不给出数组的大小，使用时用 ReDim 语句重新指出大小的数组。建立动态数组的办法是，先使用 Dim、Private 或 Public 语句声明括号内为空的数组，然后在过程中用 ReDim 语句指明该数组的大小。例如：

```
Dim MyData( ) As Integer                    '定义动态数组
M=3
ReDim MyData(M)                             '重新定义动态数组的大小
For i=0 To M
  MyData(i)=i
Next
M=M*2
ReDim MyData(M)                             '再次定义动态数组的大小
For i=0 To M
  Print MyData(i);
Next
```

在重新定义动态数组的大小后，如果原数组已经存有数据，这些数据将被清空，上例打印的结果是 6 个 0。为了避免数据被重新定义而清空，必须使用“ReDim Preserve”关键字。例如：

```
Dim MyData( ) As Integer                  '定义动态数组
M=3
ReDim MyData(M)                           '重新定义动态数组的大小
For i=0 To M
  MyData(i)=i
Next
M=M * 2
ReDim Preserve MyData(M)                  '再次定义动态数组的大小
For i=0 To M
  Print MyData(i)
Next
```

打印的结果是 0 1 2 3 0 0 0。如果使用了 Preserve 关键字,就只能重定义数组最末维的大小,且根本不能改变维数的数目。例如,如果数组是一维的,则可以重定义该维的大小,因为它是最末维,也是仅有的一维;如果数组是二维或更多维时,则只有改变其最末维才能同时仍保留数组中的内容。同样地,在使用 Preserve 时,只能通过改变上界来改变数组的大小;改变下界则会导致错误。例如以下例子运行出错:

```
ReDim MyData(M)
...
ReDim Preserve MyData(1 To M)
```

而下例则正确运行:

```
ReDim MyData(M)
...
ReDim Preserve MyData(0 To M+1)
```

如果将数组改小,则被删除元素中的数据就会丢失。如果按地址将数组传递给某个过程,那么不要在该过程内重新定义该数组各维的大小。

2. 数组相关函数和语句

(1) LBound 函数

LBound 函数可以返回一个 Long 型数据,其值为指定数组维可用的最小下标。其基本语法是:

```
LBound(arrayname[, dimension])
```

其中,arrayname 是必需的,数组变量的名称遵循标准的变量命名约定。dimension 可选的,其数据类型为 Variant (Long)指定返回哪一维的下界,1 表示第一维,2 表示第二维,以此类推;如果省略 dimension,就默认为 1。例如:

```
Dim A(1 To 100, 0 To 3, -3 To 4)
Print LBound(A, 1)
Print LBound(A, 2)
Print LBound(A, 3)
```

运行的结果是 1、0、-3。

(2) UBound 函数

UBound 函数可以返回一个 Long 型数据,其值为指定数组维可用的最大下标。基本语法与 LBound 相同:

```
UBound(arrayname[, dimension])
```

下列例子的运行结果是 100、3、4:

```
Dim A(1 To 100, 0 To 3, -3 To 4)
Print LBound(A, 1)
Print LBound(A, 2)
Print LBound(A, 3)
```

(3) Option Base 语句

Option Base 语句在模块级别中使用,用来声明数组下标的默认下界。其语法是:

```
Option Base {0 | 1}
```

由于下界的默认设置是 0,因此无须使用 Option Base 语句。如果使用该语句,则必须写在模块的所有过程之前。一个模块中只能出现一次 Option Base,且必须位于带维数的数组声明之前。

注意:Dim、Private、Public、ReDim 以及 Static 语句中的 To 子句提供了一种更灵活的方式来控制数组的下标。不过,如果没有使用 To 子句显式地指定下界,则可以使用 Option Base 将默认下界设为 1。使用 Array 函数或 ParamArray 关键字创建的数组的下界为 0,Option Base 对 Array 或 ParamArray 不起作用。

Option Base 语句只影响包含该语句的模块的数组下界。

(4) Array 函数

返回一个 Variant 类型变量数组。语法为:

```
Array(arglist)
```

所需的 arglist 参数是一个用逗号隔开的值表,这些值用于给 Variant 所包含的数组各元素赋值(可以是不同数据类型)。如果不提供参数,则创建一个长度为 0 的数组。例如:

```
Dim A As Variant
A = Array(10, "ABC", #1/10/2010#)
B = A(2)
Print B
```

使用 Array 函数创建的数组的下界由 Option Base 语句指定的下界决定,除非 Array 是由类型库(如 VBA. Array)名称限定。如果是由类型库名称限定,则 Array 不受 Option Base 的影响。

3. 控件数组

控件数组是指一组相同类型的控件,它们共用一个控件名,具有相同的属性。与数组类似，当建立控件数组时系统会给每个控件赋一个唯一的索引号(下标，即控件属性窗口中的 Index 属性)。

因为控件数组共享同样的事件过程，所以它适用于若干个控件执行相似操作的场合。为区分事件由哪个具体控件发出，VB 将下标 Index 传送给事件过程。

控件数组可以在设计时建立，步骤如下。

(1) 窗体上画出某控件，并进行属性设置，将其作为控件数组的第一个元素。

(2) 选中该控件，进行“复制”和“粘贴”操作。系统会提示“创建一个控件数组吗?”，单击“是”按钮后就建立了一个控件数组元素，此时数组中元素个数为 2，它们的 Index 属性分别是 0 和 1，可根据需要继续“粘贴”操作增加控件。

(3) 编写事件过程代码，在代码中根据参数传递的 Index 值判断当前事件的执行者是控件数组中的哪个控件。

4.1.5　VB 基本控件——列表框

列表框(ListBox)控件是一个可提供选择的列表。用户可以用鼠标选择一个或多个列表项目，但不可以直接输入。当列表项目超过列表框长度时，列表框会自动提供滚动条。

1. 常用属性

(1) 列表框 List 属性

List 属性用来返回和设置列表框中的项目内容。List 属性是一个保存列表框中所有选项值的数组，可以通过数组下标访问选项值，格式为：

```
列表框控件名.List(Index)
```

其中，数组下标 Index 表示该项目在列表框中的位置索引值，索引值从 0 开始。如访问列表框 lstCourse 的第 4 个选项值的格式为：lstCourse. List(3)；最后一个选项值是 lstCourse. List(lstCourse. ListCount-1)。

(2) ListIndex 属性

ListIndex 属性用来返回当前选定项目的索引值，为整数类型。选项的位置由索引值指定，第 1 项为 0，第 2 项为 1，以此类推。如果未选定列表框中的项目，则 ListIndex 属性值为 −1。如选中了列表框 lstStreet 的第 4 个选项，则 lstCourse. ListIndex 为 3，lstCourse. List(lstCourse. ListIndex)则为列表框 lstCourse 的第 4 个选项。

该属性不能在属性窗口中设置，只能在运行时访问，用来设置或返回列表框当前选定项目的索引。

(3) ListCount 属性

ListCount 属性表示返回列表框中的项目总数，即列表框中的项目共 ListCount 项。List 属性下标值的范围是 0～ListCount-1。

该属性是只读的，不能在属性窗口中设置，只能在运行时访问。

(4) Text 属性

Text 属性表示返回列选框当前选中选项的文本,为字符串类型。如果列表框控件 lstCourse 是单选的,则 lstCourse. List(ListIndex)与 lstCourse. Text 相等,都是被选中选项的文本。

Text 属性值不能直接修改。

(5) Select 属性

Select 属性用来返回或设置在列表框控件项目的选择状态,为逻辑型数组。当 Select 属性为 True 时,表明选择了该选项;为 False 时则表示未选择该选项。该属性在设计时不可用。

(6) MultiSelect 属性

MultiSelect 属性用来返回或设置一个值,决定列表框控件是否能够多选。

0-None(默认值):每次只能选择一项,不允许选择多项。

1-Simple:简单多重选定,可单击或按 Space 键来选取多重列表项,但一次只能增减一个项目。

2-Extended:扩展多重选定,可利用 Shift 键与鼠标的配合来进行重复选取,即按住 Shift 并单击鼠标,或按住 Shift 键并移动方向键,选定多个连续的项目。利用与 Shift 键的配合进行连续选取,即按住 Ctrl 键并单击鼠标可在列表中选中一个项目或取消一个选中的项目。

如果选择了多个表项,则 ListIndex 和 Text 属性只表示最后一次的选择值。该属性在运行时是只读的。

(7) SelCount 属性

SelCount 属性表示返回被选中选项的数目。如果没有项被选中,则 SelCount 属性将返回 0 值。

(8) Sorted 属性

Sorted 属性用来设置列表框中表项是否按照字母、数字升序排列。Sorted 属性值为 True,则表项按字母、数字升序排列;为 False(默认值),则表项按添加到列表框中的先后顺序排列。

该属性为只读属性。

(9) Style 属性

Style 属性用来决定是否将复选框显示在列表框控件中。Style 属性值为 0(默认值)时,则为标准样式;为 1 时,为复选框样式,此时无论 MultiSelect 属性取何值,列表框都允许多选。

该属性只能在设计时设置。

2. 常用事件

(1) Click 单击事件

当单击某一列表项目时,将触发列表框控件的 Click 事件。该事件发生时系统会自动改变列表框控件的 ListIndex、Selected、Text 等属性,无须另外编写代码。

(2) DblClick 双击事件

当双击某一列表项目时，将触发列表框控件的 DblClick 事件。

3. 常用方法

(1) AddItem 方法

AddItem 方法用于给列表框添加一个列表项目。格式为：

列表框控件名.AddItem 项目字符串[, Index]

其中，Index 即索引值，可以指定项目文本的插入位置，Index 的取值范围为 0～ListCount。若省略 Index，则自动添加到已有列表项目的末尾。

(2) RemoveItem 方法

RemoveItem 方法用于删除列表框中指定表项。格式为：

列表框控件名.RemoveItem 索引值

其中，索引值为待删除项目的序号，不可省略。

(3) Clear 方法

Clear 用于清空列表框中的所有表项。格式为：

列表框控件名.Clear

4.1.6　VB 基本控件——组合框

组合框(ComboBox)控件是列表框与文本框的组合，即兼有列表框和文本框的特性。它既可以像列表框一样，让用户通过鼠标选择需要的项目，也可以像文本框一样，直接输入内容。

组合框控件不支持多选，组合框的属性、方法与列表框基本相同，以下主要介绍与列表框的不同点。

1. 常用属性

(1) Style 属性

Style 属性用来返回和设置组合框的类型及列表框部分的行为。Style 属性是只读属性，只能在设计界面时设置。

0：默认值，表示下拉式组合框(Dropdown ComboBox)。这时组合框控件包括一个文本框和一个列表框，用户可以从文本框中直接输入文本或在列表框中选择项目，选择完成后，下拉出的列表框重新隐藏起来。

1：表示简单组合框(Simple ComboBox)。这时组合框控件包括一个文本框和一个不能隐藏或弹出的下拉列表框，用户可以在文本框中输入文本，也可以选择列表框中的项目，当选项数超过显示的限度时将自动插入滚动条。

2：表示下拉列表框(Dropdown ListBox)。这时组合框控件只包括一个下拉列表框，可单击它右端的箭头弹出列表框，供用户选择列表项目，但不允许用户直接输入文本。

(2) Text 属性

Text 属性用来返回和设置组合框的文本框中所包含的文本,其值为用户从列表框中选定的文本或直接输入的文本。

2. 常用事件

(1) Click 事件

用户在组合框控件的列表部分选择选项的同时触发 Click 事件。

(2) KeyPress 事件

用户在组合框控件的文本框中按任意键都将触发 KeyPress 事件。

(3) Change 事件

用户直接在组合框的文本框中输入文本时触发 Change 事件。该事件仅在 Style 属性设置为 0 或 1 且正文被改变或者通过代码改变了 Text 属性的设置时才会发生。

3. 常用方法

组合框控件通过 AddItem 方法添加项目,用 RemoveItem 和 Clear 方法删除和清空组合框中的项目,与列表框控件的方法类似。

4.1.7 VB 排序算法

在计算机编程中排序是一个经常遇到的问题,很多数据处理技术都是建立在排序基础上,如分类汇总、求极值等。排序算法的种类很多,不同的算法有不同的优缺点,没有一种算法在任何情况下都是最好的。

1. 气泡排序法

气泡排序法是专门针对已部分排序的数据进行排序的一种算法。如果在数据清单中只有一两个数据是乱序,用这种算法就是最快的排序算法;如果数据清单中的数据是随机排列的,那么这种方法就成了最慢的算法。因此在使用这种算法之前一定要慎重。

这种算法的核心思想是扫描数据清单,寻找出现乱序的两个相邻的项目。当找到这两个项目后,交换项目的位置然后继续扫描。重复上面的操作直到所有的项目都按顺序排好。

图 4-1 是对这种算法的说明。在该例中,数字 1 未按顺序排好。第一次扫描清单时,程序找到 4 和 1 是两个相邻的乱序项目,于是交换它们的位置。以此类推,直到将所有的项目按 1、2、3、4 排好。数字 1 就像上升的气泡一样,这就是这一算法名称的由来。

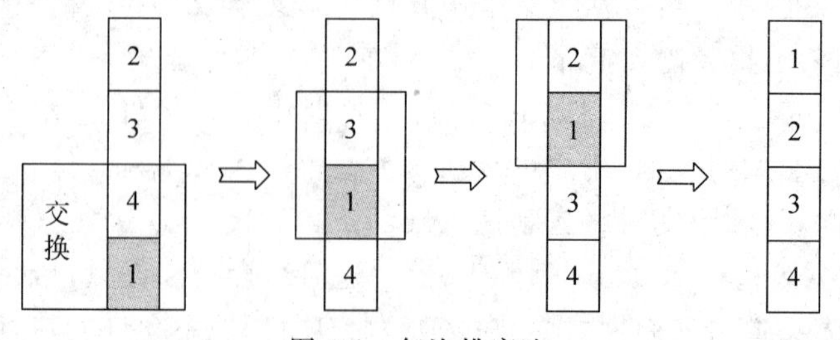

图 4-1　气泡排序法

VB 气泡排序法实例如下。

```
Private Sub Form_Click()
    Dim ArrayList(5) As Integer                     ' ArrayList()是等待排序的数组
    For i = 0 To 5                                  '取得 6 个待排序的随机数
      ArrayList(i) = Int(Rnd * 100)
    Next
    BubbleSort ArrayList()                          '调用排序过程
    For Each X In ArrayList                         '依次打印数组中的每个成员
      Print X
    Next
End Sub
Sub BubbleSort(List() As Integer)                   '排序过程(升序)
  Dim Max As Integer
  Dim Min As Integer
  Dim Temp As Integer
  Min = LBound(List)
  Max = UBound(List)
  For i = Min To Max - 1
    For j = i + 1 To Max
      If List(j) < List(i) Then                     '降序则需改为 If List(j) > List(i) Then
        Temp = List(j)
        List(j) = List(i)
        List(i) = Temp
      End If
    Next
  Next
End Sub
```

2. 选择排序法

选择排序法是一个很简单的算法。其原理是首先找到数据清单中最小的数据，然后将这个数据同第一个数据交换位置；接下来找第二小的数据，再将其同第二个数据交换位置，以此类推。下面是 VB 代码实现该算法。

```
Private Sub Form_Click()
' ArrayList()是等待排序的数组
  Dim ArrayList(5) As Integer
  For i = 0 To 5                                    '取得 6 个待排序的随机数
    ArrayList(i) = Int(Rnd * 100)
  Next
  Selectionsort ArrayList()                         '调用排序过程
  For Each X In ArrayList                           '依次打印数组中的每个成员
    Print X
  Next
End Sub
Sub Selectionsort (List() As Integer)               '升序排序过程
  Dim L As Integer
  Dim U As Integer
```

```
    Dim Temp As Integer
    Dim Max As Integer
    Dim Idx As Integer
    L = LBound(List)
    U = UBound(List)
    For j = U To L + 1 Step -1              '从数组的末端向前存储最大值
      Max = List(L)                         '设数组的最前端是最大值
      Idx = L                               '记录该值的序号
      For i = L + 1 To j                    '该"最大值"与其后面的每个数比较
        If Max < List(i) Then               '假如大于该"最大值"
          Max = List(i)                     '则修改"最大值"
          Idx = i                           '并记录序号
        End If
      Next
      If Idx <> j Then                      '如果该序号不是数组的排序正确位置
        Temp = List(j)                      '则交换数据使之排序正确
        List(j) = List(Idx)
        List(Idx) = Temp
      End If
    Next
End Sub
```

图 4-2 是选择排序的示意图。

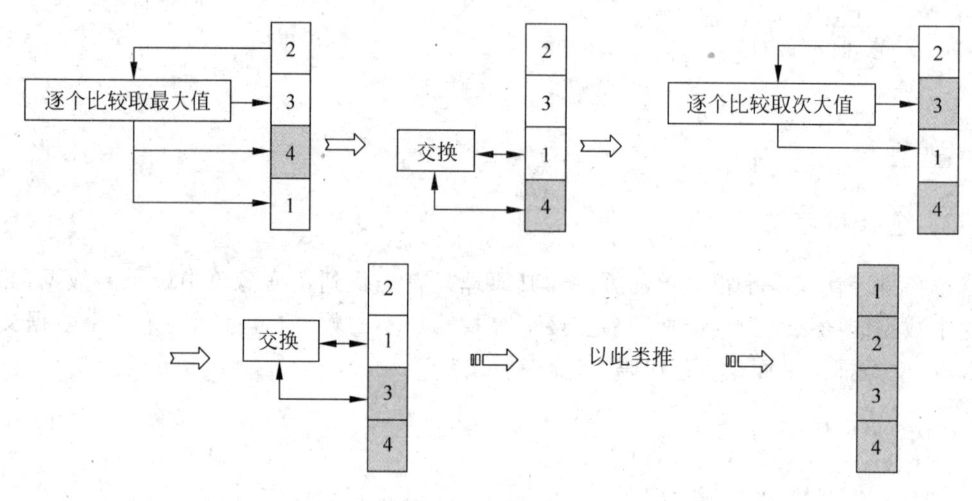

图 4-2　选择排序法

3. 快速排序法

快速排序法对于大量数据的排序特别有用。其基本原理是：首先检查数据列表中的数据数，如果小于两个，则直接退出程序。如果有超过两个以上的数据，就选择一个分割点将数据分成两个部分，小于分割点的数据放在一组，其余的放在另一组，然后分别对两组数据排序。

通常分割点的数据是随机选取的。这样无论数据是否已被排列过，所分割成的两个子列表的大小是差不多的。而只要两个子列表的大小差不多，该算法所需的步骤就是 N * log(N) 步。对于使用比较法进行排序的算法来讲这是最快的方法。下面是用 VB 代码实现这一算法的例子。

```
Private Sub Form_Click()
' ArrayList()是等待排序的数组
  Dim ArrayList(5) As Integer
  For i = 0 To 5                                '取得 6 个待排序的随机数
    ArrayList(i) = Int(Rnd * 100)
  Next
  Quicksort ArrayList(), LBound(ArrayList), UBound(ArrayList)
  For Each X In ArrayList                       '依次打印数组中的每个成员
    Print X
  Next
End Sub
Sub Quicksort(List() As Integer, min As Integer, max As Integer)
    Dim i As Integer
    Dim j As Integer
    Dim mid As Integer
    Dim save As Integer
    i = min
    j = max
    mid = List(Int((max - min + 1) * Rnd + min))'先从数据序列中选一个元素
    Do
        Do While mid > List(i)
            i = i + 1
        Loop
        Do While mid < List(j)
            j = j - 1
        Loop
        If i <= j Then
            save = List(i)
            List(i) = List(j)
            List(j) = save
            i = i + 1
            j = j - 1
        End If
    Loop Until i > j
    If min < j Then Call Quicksort(List, min, j)  '递归调用排序对子序列排序
    If i < max Then Call Quicksort(List, i, max)
End Sub
```

4. 插入排序法

插入排序法是从数组序列中依次把每个值跟其前面的值进行比较，并根据大小插入到比它小和比它大的两个数之间，从而实现排序。图 4-3 说明了排序的过程。

VB 插入排序法实例如下。

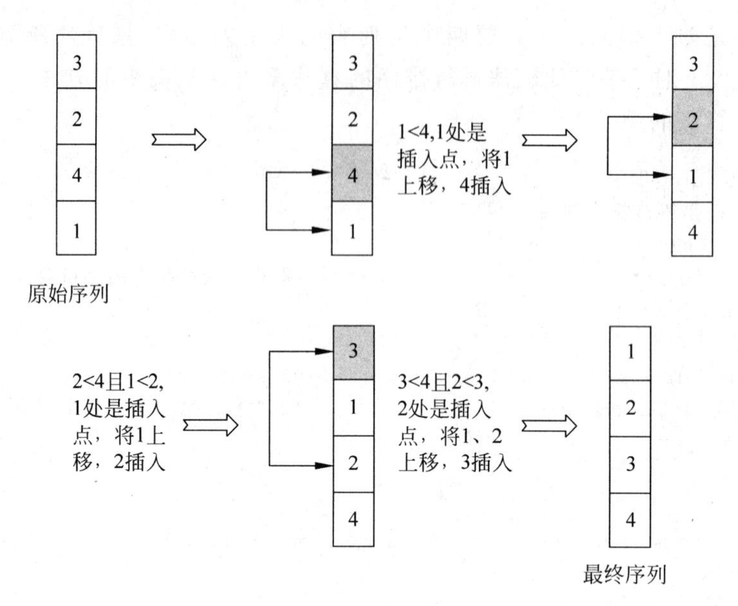

图 4-3　插入排序法

```
Private Sub Form_Click()
' ArrayList()是等待排序的数组
  Dim ArrayList(5) As Integer
  For i = 0 To 5                              '取得 6 个待排序的随机数
    ArrayList(i) = Int(Rnd * 100)
  Next
  Insertsort ArrayList(), LBound(ArrayList), UBound(ArrayList)
  For Each X In ArrayList                     '依次打印数组中的每个成员
      Print X
  Next
End Sub
Sub Insertsort(List() As Integer, min As Integer, max As Integer)
    Dim i%, j%, k%, lTemp%
    For i = min To max
        lTemp = List(i)                       '待插入的序列值
        For j = 0 To i - 1                    '找到该序列前的插入点,则跳出循环
            If (lTemp < List(j)) Then Exit For
        Next
        For k = i To j + 1 Step -1            '将插入点后的值依次后移
            List(k) = List(k - 1)
        Next
        List(j) = lTemp                       '插入待插入值
    Next
End Sub
```

VB 排序的算法还有很多,而且即使是同一种排序法的 VB 代码实现方法也有很多,在学习中应予以收集分析,在工作实践中灵活运用。

4.1.8　函数(过程)的递归调用

在函数或子过程的内部,直接或间接地调用函数或子过程自己的算法(或者说,一个函数或子过程直接或间接地调用自身)就是递归法。

递归法是一种非常有用的程序设计技术,当一个问题蕴涵递归关系且结构比较复杂时,采用递归算法往往简捷、易理解。通过递归调用可以简化很多的操作,比如目录树的遍历,就是在一个磁盘驱动器中,把所有文件夹及其子文件夹及所属的文件找出来并生成目录树,用普通的算法很难实现,但用递归可以轻松完成。

下面是一个利用递归算法计算 1!～10! 的实例。

```
Function Factorial(n As Long) As Long
  If n = 1 Then Factorial = 1 Else Factorial = n * Factorial(n - 1)
End Function

Private Sub Command1_Click()
  Dim n As Long
  For n = 1 To 10
    Print CStr(n); "!="; Factorial(n)
  Next n
End Sub
```

其中,自定义函数 Factorial 的程序代码中调用了自己,实现了递归运算。应特别注意的是:递归运算中要避免无穷递归,即必须有终止递归的条件判断,以免无穷递归导致程序死循环或发生运算溢出。此例中的判断句“If n = 1 Then Factorial = 1”就是递归的终点,能结束递归的运行,得到运算结果。

最后是一个用递归在指定磁盘分区遍历目录树查找指定扩展名文件的实例。

```
Private Sub Command1_Click()
  AutoListFiles "C:\", "*.txt"                '在C盘中查找所有的TXT文本文件
End Sub

Public Function AutoListFiles(ByVal sDirName As String, ByVal FileFilter As String) As Boolean
    On Error GoTo RF_ERROR
    Dim sName As String, sFile As String, sExt As String
    Dim sDirList() As String, iDirNum As Integer, i As Integer
    '首先枚举所有文件
    sFile = Dir(sDirName + FileFilter, vbNormal + vbArchive + vbHidden)
    Do While Len(sFile) > 0
      sFile = UCase(Trim(sFile))
      '在此处可以将sFile加入到一个Text控件...
      DoEvents
      Text1 = Text1 & sDirName & sFile & vbCrLf
      '查出的文件都添加到文本框中显示
      sFile = Dir                                   '下一个文件
    Loop
```

```
    iDirNum = 0
    sName = Dir(sDirName + "*.*", vbDirectory + vbNormal)
    Do While Len(sName) > 0
      If sName <> "." And sName <> ".." Then
        iDirNum = iDirNum + 1
        ReDim Preserve sDirList(1 To iDirNum)
        sDirList(iDirNum) = sDirName + sName + "\"
      End If
      sName = Dir                                           '下一个目录
    Loop
    For i = 1 To iDirNum
      AutoListFiles sDirList(i), FileFilter                 '递归调用
    Next
RF_EXIT:
    AutoListFiles = True
    Exit Function                                           '递归终点
RF_ERROR:
    Resume RF_EXIT
End Function
```

【任务作业】

(1) 编写一个小程序,用于显示指定文件夹下所有子目录中的文件。

(2) 编写一个程序,由计算机生成 100 个 1～100 之间的随机数,通过排序算法对这些数进行排序,并显示在窗口中。

任务 4.2　身份证号码有效性检验程序编程

【任务目标】

1. 编写一个第二代身份证号码有效性检验程序,根据身份证号码的编码规则核对身份证号码的有效性。

2. 掌握列表框的使用技巧,运用列表框汇集待处理的身份证号码,等待进行相关信息处理。

3. 掌握自定义函数的编程,熟悉函数的参数传递概念。

1. 任务情景描述

在电子商务网站中,实名注册是常见的保证网上交易有效性的主要方法之一,通常需要用户注册其身份证号码。反过来看,商家收集身份证号码后,可以分析身份证号码中包含的信息,以跟踪不同客户的消费习惯,有针对性地开展商务活动。

为了保证所采集信息的有效性,需要对用户身份证号码的有效性进行判断。我国第二代居民身份证号码是根据一定的编码规则编制的,人们可以针对规则对号码的有效性进行检测。本任务就是编写程序,对收集的身份证号码进行检测,确认其有效。

如图 4-4 所示,本项目采用列表框 ListBox 控件存储输入的身份证号码,等待数据处

理。通过“添加”按钮检测输入身份证号码的有效性，同时可以修改或删除列表框中已经存在的身份证号码，当然修改后的身份证号码也得接受有效性检查。

由于添加和修改时都需要对身份证号码的有效性进行检查，因此可以设计一个函数用于身份证号码检查，以避免代码的重复。

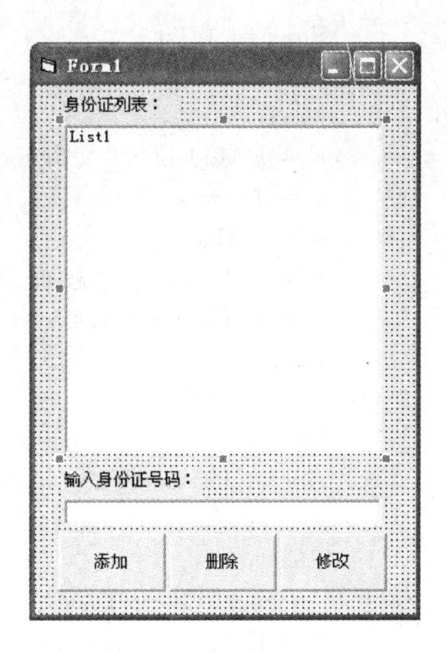

图 4-4　身份证号码输入检查程序界面

2. 设计思路

第二代居民身份证号码是由 17 位数字码和 1 位校验码组成，身份证号码包含了不少的个人信息，包括户口所在地、年龄等。身份证号码排列顺序从左至右分别为：6 位地址码、8 位出生日期码、3 位顺序码和 1 位校验码。地址码和出生日期码很好理解，顺序码表示在同一地址码所标识的区域范围内，对同年同月同日出生的人编定的顺序号，顺序码的奇数分配给男性，偶数分配给女性。

第二代身份证的最后一位数(或者是 X)是身份证号码的验证码，其计算方法是：

(1) 公式为：S=Sum(A[i] * W[i])，i=2,…,18

其中，i——表示身份证号码每一位的序号，从右至左，最左侧为 18，最右侧为 1。

a[i]——表示身份证号码第 i 位上的号码。

W[i]——表示第 i 位上的权值，W[i] = 2 ^(i−1) mod 11(意思是以 2 为底，以 18～2 每个序号减 1 为幂分别求值，再以 11 为除数，分别求出这 17 个值的余数)。

“ * ”表示乘号；Sum 表示 17 个乘积之和。

(2) 以 11 对计算结果取模，Y = S Mod 11。

(3) 将 12 减去上式中 Y 得 R，再次以 11 对 R 取模。

C=R Mod 11　C=0,1,2,3,4,5,6,7,8,9,X(X 表示 10)

对于用户给定的身份证号码，首先用校验码计算，得出有效性结论；然后分解号码中的地区码、出生日期码、顺序码，并从顺序码中得到性别信息。

3. 实训内容

(1) 在界面中添加 3 个按钮 Command1、Command2、Command3，Caption 属性分别是“添加”、“删除”和“修改”。一个 ListBox 控件 List1 和一个文本框 Text1。

(2) 在代码窗口创建身份证号码有效性检查函数。

```
'下面括号中的字符串变量 Id 为该函数的形式参数，用于将身份证号码传递到函数体中进行检查
Function CheckId(Id As String) As Integer        '函数返回值为整数
  Dim i As Integer, s As Integer, x As String
  If Len(Id) <> 18 Then                          '如果身份证号码长度不是 18 位
    CheckId = 0                                  '函数返回 0，表示无效的身份证号码
  Else
```

```
      For i = 1 To 17                       '从号码的第 1 位到第 17 位
        s = s + Val(Mid(Id, i, 1)) * ((2 ^(18 - i)) Mod 11)
      Next
      s = s Mod 11
      s = 12 - s
      s = s Mod 11
      If s < 10 Then   '假如 s 值小于 10 则将 s 转为字符型,等于 10 则转为"X"
        x = LTrim(Str(s))
      Else
        x = "X"
      End If
      If x = UCase(Right(Id, 1)) Then       '假如计算的校验码与身份证最后一位数相等
        CheckId = 1                         '函数返回 1,表示有效身份证号码
      Else
        CheckId = -1                        '函数返回-1,表示校验错误
      End If
    End If
  End Function
```

编程技巧:在字符串判断式中,如果要判断英文字母,则可能会遇到用户输入的字母大小写不分的情形,程序员必须预先考虑到这种可能性。第二代身份证号码的最后一位可能出现"X",在校验码核对的那句代码中采用了 UCase 函数,强制将用户输入的最后一位字符(如果是字母的话)转为大写,用来与计算的结果进行判断。

另外,要养成不在函数过程中直接采用对话框与用户交流的习惯,而采用返回值来得到函数运行结果,从而在调用它的主程序中更灵活地进行交互处理,使得函数的适用性更强,达到简化代码的目的。

(3) "添加"按钮单击事件有两个任务:一个是检测文本框中的身份证号码是否在列表中重复出现;另一个是检查其有效性,如果是有效的,则添加到列表中待处理。代码如下。

```
  Private Sub Command1_Click()
    Dim i As Integer
    If Trim(Text1.Text) = "" Then Exit Sub   '如果文本框为空白则退出本过程

    For i = 0 To List1.ListCount - 1        '将列表中号码逐个与文本框对比
      If Trim(Text1.Text) = List1.List(i) Then
        MsgBox "身份证号码重复,请重新输入!", vbOKOnly, "错误警告"
        Exit Sub
      End If
    Next

    If CheckId(Trim(Text1.Text)) = 1 Then
      List1.AddItem Trim(Text1.Text)
      Text1.Text = ""
    ElseIf CheckId(Trim(Text1.Text)) = 0 Then
      MsgBox "身份证号码位数错误,请重新输入!", vbOKOnly, "错误警告"
    ElseIf CheckId(Trim(Text1.Text)) = -1 Then
```

```
    MsgBox "身份证号码无效,请重新输入!", vbOKOnly, "错误警告"
  End If
End Sub
```

(4)“删除”按钮单击事件过程运行时,首先判断有没有列表项被选中,如果没有列表项被选中则提示错误,否则提示是否确认删除;进而删除选中的列表项内容。为了使用户明确被删除项目,可以在ListBox的单击事件中加入代码,使得列表项被选中时文本框显示被选内容,代码如下。

```
Private Sub Command2_Click()
  Dim Ans As Integer
  If List1.ListIndex = -1 Then            '当列表项没有被选中时,ListIndex属性为-1
    MsgBox "请先在列表中选择一个号码!", vbOKOnly, "提示"
    Exit Sub                              '退出过程
  End If

  '提示是否删除,提示对话框显示"确认"、"取消"按钮及"问号"图标
  Ans = MsgBox("您真的要删除该记录?", vbOKCancel + vbQuestion, "提示")
  If Ans = 1 Then                         '当回答为"确定"时
    List1.RemoveItem List1.ListIndex      '删除选定序号列表项
    Text1.Text = ""
  End If
End Sub
```

(5)“修改”按钮单击事件过程运行时,首先判断有没有列表项被选中,如果没有列表项被选中则提示先选择列表项(列表项被选中时,文本框中已显示选中项内容,可供修改);进而核对当前文本框中修改的内容是否有效,代码如下。

```
Private Sub Command3_Click()
  If List1.ListIndex = -1 Then          '当列表项没有被选中时,ListIndex属性永为-1
    MsgBox "请先在列表中选择一个号码!", vbOKOnly, "提示"
    Exit Sub                            '退出过程
  End If

  If CheckId(Trim(Text1.Text)) = 1 Then
    List1.List(List1.ListIndex) = Trim(Text1.Text)      '选定列表项内容被修改
  ElseIf CheckId(Trim(Text1.Text)) = 0 Then
    MsgBox "身份证号码位数错误,请重新输入!", vbOKOnly, "错误警告"
  ElseIf CheckId(Trim(Text1.Text)) = -1 Then
    MsgBox "身份证号码无效,请重新输入!", vbOKOnly, "错误警告"
  End If
End Sub

Private Sub List1_Click()
  Text1.Text = List1.List(List1.ListIndex)
End Sub
```

(6)试运行,输入周围同学的身份证号码,尝试修改其中的数字,观察程序是不是能够判断出身份证号码错误。

【任务作业】

(1) 任务 4.2 中,身份证号码是在检验有效性后添加到列表框中的。修改程序,使得身份证号码先被输入到列表框中,然后通过按钮启动对列表框中所有身份证号码进行批量检验,并实现无效号码的自动剔除。

(2) 第一代身份证号码为 15 位,15 位身份证号码升级到第二代的规则是:身份证号码 15 位数字码中,原来 7、8 位的年份号改为全称,如 1985 年过去 7、8 位码是 85,现在增改为 1985;另外在最后一位增加校验码,如后三位原来 601,加一个 5 成为 6015。完善任务 4.2 程序,当发现输入的身份证号码是第一代的 15 位号码时,自动将它升级为 18 位。

任务 4.3 身份证号码有效性检验程序的人机交互界面优化

【任务目标】

1. 学习在数据录入的程序界面中,如何优化程序,达到人机交互的人性化和最优化。

2. 完善身份证号码有效性检验程序,使得身份证号码输入可以脱离鼠标,通过键盘即可快速进行。

1. 任务情景描述

在信息管理系统中进行大量数据录入时,如果需要不断在鼠标单击、键盘输入、控件选取等操作间切换,输入效率将十分低下。任务 4.2 完成的就是这样一个需要操作者不断进行键盘、按钮转换的相当不便的程序。

本任务主要的工作就是利用 VB 控件的一些属性的合理设置,使得程序能更加的人性化,便于人机界面交互操作,满足用户快速输入的需要。

2. 设计思路

应用软件设计中,很重要的一个注意点是:在软件界面上尽可能为用户着想,使得软件操作过程能够得心应手。在这个实训中,使用过程中会发现如下几个问题。

(1) 当用户在文本框输入身份证号码后,为了将号码添加到列表中,需要用户用鼠标单击"添加"按钮,这样鼠标、键盘来回转换,效率很低。为了提高输入信息的效率,可以考虑利用按钮的 Default 属性来达到回车输入的目的。

(2) 当列表框中的项目没有被选中时,单击"删除"、"修改"按钮会提醒错误。那如果能让用户预先知道没有项目被选中(即不能使用这两个按钮)不是更好吗?可以编程利用按钮的 Enabled 来实现这些功能。

(3) 同样道理,在文本框为空白的时候,"添加"按钮是没有必要有效的,当输入 18 个字符时,才"激活"相关按钮,可以帮助用户减少出错机会。

第(1)个问题的解决方法是:在文本框获得焦点事件中,将按钮的 Default 属性修改为 True。

第(2)个问题的解决方法是：列表框没有列表项被选中时，其 ListIndex 值为－1，通过程序获知这个值时，即可置相关按钮的 Enabled 属性为 False。

第(3)个问题的解决方法是：在文本框的 Change 事件中，检测输入字符的数量，当字符不为 18 时，相关按钮的 Enabled 属性为 False，否则为 True。

编程技巧：在信息管理系统的多文本框数据录入界面中，为了避免鼠标和键盘的交替操作给录入带来效率降低的问题，可以充分利用文本框 TabIndex 属性值。按文本框的录入顺序给 TabIndex 属性赋值，在程序运行时，即可利用键盘上的 Tab 键，依次将焦点从一个文本框移到另一个文本框，而按 Shift＋Tab 键，则可以反序从一个文本框移到前一个文本框。

3. 实训内容

(1) 调整一下相关代码，首先为了能够在录入身份证号码时不使用鼠标，可以让文本框获得光标后，激活按钮的 Default 属性，此时按钮能够截获回车键的操作，从而引发单击事件，从而实现添加号码的功能，代码如下。

```
Private Sub Text1_GotFocus()
  Text1.SelStart = 0                      '当文本框获得焦点,则文本框中号码被全选
  Text1.SelLength = Len(Text1.Text)       '便于输入新数据替代原有数据,以提高效率
  Command1.Default = True                 '"添加"按钮作为默认按钮可以截获回车输入
End Sub
```

此时当输入一个身份证号码后，直接按回车键即可执行“添加”按钮的单击事件。即使文本框中有字符存在，只要光标落在文本框中，文本框中的字符即被选中，无须删除，只要输入新的身份证号码，即可完成录入，大大提高批量录入的效率。

(2) 接着将 Command1、Command2 和 Command3 的 Enabled 属性修改为 False，将 List1_Click 事件做如下修改，当列表框项目被选后，“删除”及“修改”按钮有效。

```
Private Sub List1_Click()
  Text1.Text = List1.List(List1.ListIndex)
  Command2.Enabled = True                              '新增语句
  Command3.Enabled = True                              '新增语句
End Sub
```

(3) “删除”按钮的单击事件也做相应修改，使得删除成功后，“删除”和“修改”按钮恢复无效状态，防止误操作。

```
Private Sub Command2_Click()
  Dim Ans As Integer
  If List1.ListIndex = -1 Then
    MsgBox "请先在列表中选择一个号码!", vbOKOnly, "提示"
    Exit Sub
  End If
  Ans = MsgBox("您真的要删除该记录?", vbOKCancel + vbQuestion, "提示")
  If Ans = 1 Then
    List1.RemoveItem List1.ListIndex
```

```
        Text1.Text = ""
        Command2.Enabled = False                          '新增语句
        Command3.Enabled = False                          '新增语句
    End If
End Sub
```

(4) 为了使得“添加”按钮能够检测文本框的字符数是否达到 18 位，从而自动“激活”有效或被修改为失效，可以在文本框的 Change 事件中添加代码。

```
Private Sub Text1_Change()
    If Len(Text1.Text) = 18 Then
        Command1.Enabled = True
    Else
        Command1.Enabled = False
    End If
End Sub
```

(5) 再试运行一下，可以发现现在的人机交互会比开始的程序友好了许多。

【任务作业】

(1) 为了兼容 15 位的第一代身份证号码，修改相关代码，以使得输入 15 位身份证号码时能和 18 位一样控制按钮的有效性。

(2) 查询 MSDN，为身份证号码列表框设置排序功能。

任务 4.4　身份证信息分析处理软件编程

【任务目标】

1. 编制身份证信息分析处理软件，用于身份证号码中包含信息的分析汇总。
2. 熟练掌握数组的使用技巧，熟悉数组在模块内外的数据传递方法。

1. 任务情景描述

在上面任务的基础上，完成身份证信息分析功能，将每个身份证号码中的居住区域、年龄、性别等信息提取出来，并进行统计、显示。

2. 设计思路

由于身份证号码中的相关信息都包含在固定位置的数字中，当进行数据统计时，可以提取号码中相关位置的有关数字进行分析，再行统计。

尽管身份证号码看上去是数字，但其包含的信息并不是数值，从信息的角度来看，应该称为编码，性质是文本字符串，可以通过子字符串函数(Left、Right、Mid 等)进行提取。

例如第二代身份证号码的倒数第二位是性别代码，奇数是男性，偶数是女性。通过子字符串函数，可以提取这位数字，从而统计出不同性别人数。生日、年龄、身份证归属地等信息也同样可以取得。

由于全国身份证归属地有 3 400 多条，必须采用数据库管理，本任务仅提取省份，而不进行其他处理。

3. 实训内容

（1）将程序界面稍加修改，增加数据处理结果界面，用于显示统计结果，如图 4-5 所示。

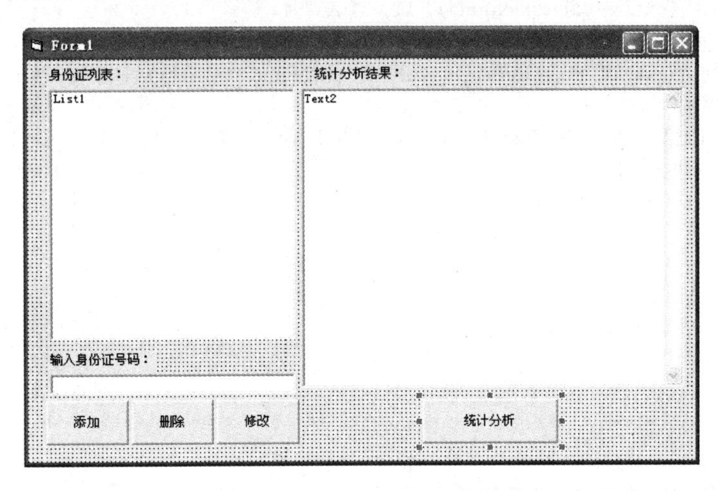

图 4-5　拓展后的程序界面

程序增加了一个 TextBox 控件 Text2 和一个“统计分析”按钮 Command4。设置 Text2 的多行显示 MultiLine 属性为 True，并显示垂直滚动条，清除该文本框的内容。

（2）添加以下代码。

```
Private Sub Command4_Click()
  Dim i As Integer, ID() As String                    'ID 身份证号码，动态数组
  Dim ManNum As Integer, WomNum As Integer            '男女人数
  '对列表身份证号码逐个分析
  ReDim ID(List1.ListCount - 1)                       '根据列表项数量重定义数组
  For i = 0 To List1.ListCount - 1
    ID(i) = List1.List(i)
  Next
  Call Proc(ID, ManNum, WomNum)                       '调用数据处理过程
  Text2 = Text2 & vbCrLf & "男性人数：" & ManNum'vbCrLf 回车换行
  Text2 = Text2 & vbCrLf & "女性人数：" & WomNum
End Sub

Sub Proc(IDNum() As String, ManN As Integer, WomN As Integer)
  Dim i As Integer, IBeg As Integer, IEnd As Integer
  Dim Sex As String
  IBeg = LBound(IDNum)                                '取数组下标下界
  IEnd = UBound(IDNum)                                '取数组下标上界
  Text2 = ""
  For i = IBeg To IEnd
    '取身份证号码头两位，判断该身份证号码归属省、直辖市
```

```
        If Text2 = "" Then
          Text2 = Sf(Left(IDNum(i), 2)) & "人; "        'Text2.Text 可简写为 Text2
        Else
          Text2 = Text2 & vbCrLf & Sf(Left(IDNum(i), 2)) & "人; "
        End If
        Text2 = Text2 & "生日: " & Mid(IDNum(i), 7, 4) & "年"
        Text2 = Text2 & Mid(IDNum(i), 11, 2) & "月"
        Text2 = Text2 & Mid(IDNum(i), 13, 2) & "日,"
        Text2 = Text2 & Year(Date) - Val(Mid(IDNum(i), 7, 4)) + 1 & "岁; "
        '判断性别
        Sex = IIf(Val(Mid(IDNum(i), 17, 1)) Mod 2 = 1, "男", "女")
        If Sex = "男" Then
          ManN = MAN + 1
        Else
          WomN = WomN + 1
        End If
        Text2 = Text2 & "性别: " & Sex
    Next
End Sub

Private Sub Form_Load()
    '在加载窗体时,进行省市代码初始化
    Sf(11) = "北京市": Sf(12) = "天津市": Sf(13) = "河北省": Sf(14) = "山西省"
    Sf(15) = "内蒙古自治区": Sf(21) = "辽宁省": Sf(22) = "吉林省": Sf(23) = "黑龙江省"
    Sf(31) = "上海市": Sf(32) = "江苏省": Sf(33) = "浙江省": Sf(34) = "安徽省"
    Sf(35) = "福建省": Sf(36) = "江西省": Sf(37) = "山东省": Sf(41) = "河南省"
    Sf(42) = "湖北省": Sf(43) = "湖南省": Sf(44) = "广东省": Sf(45) = "广西省"
    Sf(46) = "海南省": Sf(50) = "重庆市": Sf(51) = "四川省": Sf(52) = "贵州省"
    Sf(53) = "云南省": Sf(54) = "西藏自治区": Sf(61) = "陕西省": Sf(62) = "甘肃省"
    Sf(63) = "青海省": Sf(64) = "宁夏回族自治区": Sf(65) = "新疆维吾尔自治区"
End Sub
```

输入周围同学的身份证号码,进行统计分析,运行效果如图 4-6 所示。

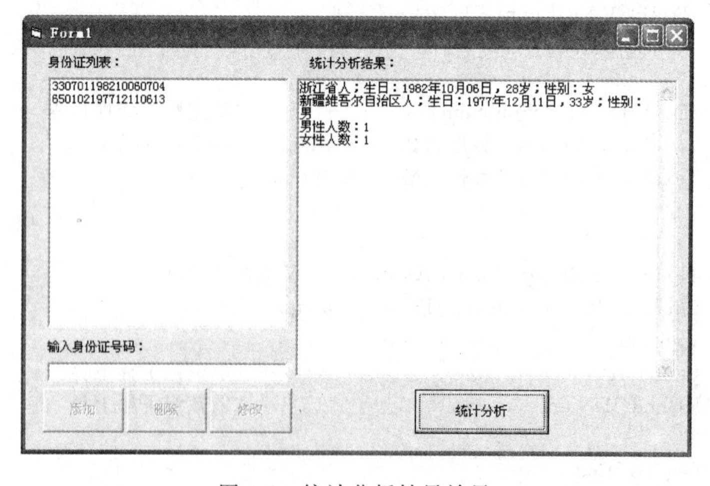

图 4-6　统计分析结果效果

在得到年龄等信息后，还可以进行年龄段、人群分布区域等统计分析，这些数据在企业客户管理系统、网络营销管理系统中有着较大的应用价值。

编程技巧：VB 中过程、函数、变量的取名，尽可能采用完整的英文或拼音词组，如果是组合词组，则可以采用下划线或大小写字母隔开，以增加可读性。另外，采用大小写字母组合的名称，可以在代码书写过程中，即使全都使用大写或小写输入时，VB 系统也会自动更正为定义时的大小写组合格式，实现校对功能，即发现某名称全大写或全小写不会调整，则该名称为未定义或输入错误。程序中名称输入错误引起的代码错误是最常见也是最难查错和调试出的。VB 中大量的控件、系统常数、系统函数名称基本是按这种原则取名。

【任务作业】

(1) 上网搜索身份证地区编码数据库，将本省的各地市编码加入到程序中，修改相关代码，实现本地身份证信息地区码的深度分析。

(2) 尝试将任务 4.4 中身份证号码分析处理模块 Proc 拆解成性别、地区、生日、年龄 4 个独立的函数，能根据提供的身份证号码这一参数，返回性别、地区、生日、年龄值，从而使得程序结构更加的清晰，适用性更强。

项目小结

身边有很多需要进行统计分析的数据，通过数据挖掘可以从数据中发现有助于决策的信息，并有助于提高工作效率，比如成绩的正态分布状况、手机的来源地、IP 地址的来源地分析等。

现在很多网站提供了用户来源地分析，便于商务网站的管理者查询本网站的用户群，其基本原理就是通过分析来访者的 IP 地址得知用户的来源地，从而对网站的服务对象、网站的内容需求等提供有效的帮助，便于网站的推广和商务活动的开展。

项目 5　看图软件制作

项目目的

通过该项目的实训，要求学生熟悉 VB 滚动条控件的基本属性和基本事件；掌握驱动器列表框、文件列表框和目录列表框的使用方法及相关属性、事件、方法的编程；掌握菜单的基本使用，进一步掌握图片框和图像控件的使用方法。

项目要求

基本要求：开发一个简单的看图程序，选择计算机某个目录下的图片，实现在右边的图像框中浏览图片。

拓展要求：基本要求中实现的看图程序在图片比图像框大的情况下，无法全部显示，为此，在拓展训练中增加关于图片的放大、缩小的功能。

任务 5.1　必备知识与理论

【任务目标】

1. 掌握下拉式菜单和弹出式菜单设计。
2. 掌握 VB 基本控件(文件操作控件、滚动条控件)。
3. 熟悉 VB 支持图片格式。
4. 熟悉 VB 图形显示处理的技巧。

5.1.1　VB 菜单编辑

菜单是 Windows 应用程序重要的人机交互工具，在实际应用中，常见的菜单有两种基本类型：下拉式菜单和弹出式菜单。下拉式菜单包括菜单栏、菜单标题、菜单项、分隔条等，如图 5-1 所示。弹出式菜单是显示在窗体任意位置的浮动式菜单，一般通过在某一区域内右击的方式打开。

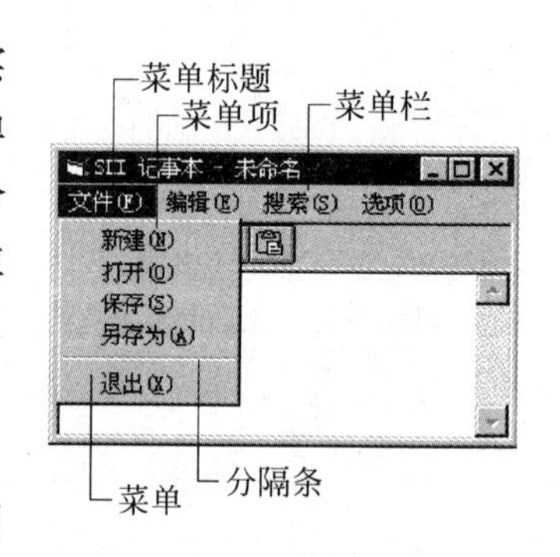

图 5-1　菜单界面元素

1. 菜单编辑器

菜单编辑器是 VB 提供的用于设计菜单的编辑器。用菜单编辑器可以创建新的菜单和菜单项以及编辑已有菜单和菜单项。

要打开菜单编辑器，可以使用如下3种方法。

(1) 首先必须打开窗体设计界面，然后选择“工具”→“菜单编辑器”命令，或按Ctrl+E键。在代码设计窗体中是不能进行菜单编辑的。

(2) 先激活窗体设计界面，再单击工具栏中的“菜单编辑器”按钮 。

(3) 右击窗体，在弹出的快捷菜单中选择“菜单编辑器”命令。

2. 下拉式菜单

制作下拉式菜单步骤如下。

(1) 选取需要添加下拉式菜单的窗体，打开“菜单编辑器”。

(2) 在“标题”文本框中输入第一个菜单标题：如文件(&F)，这样在菜单栏上显示文件(F)，其中的“F”是可以按Alt+F键激活菜单事件的热键。

(3) 在“名称”文本框中输入名称：如MenuFile，作为该菜单控件的名字可在代码中被引用；同时，可以在MenuFile_Click事件过程中编写该菜单控件单击事件响应代码。

(4) 单击“下一个”按钮新建一个菜单控件，单击右箭头按钮，使菜单控件缩进一级，成为MenuFile的子菜单，VB的子菜单最多为5级。如输入标题：退出(&X)；名称：MenuExit。

(5) 单击“下一个”按钮新建一个菜单控件，单击左箭头按钮，使菜单控件减少一级缩进。如输入标题：编辑(&E)；名称：MenuEdit。

(6) 单击“下一个”按钮新建一个菜单控件，单击右箭头按钮，使菜单控件缩进一级。如输入标题：复制(&C)；名称：MenuCopy，选择快捷键：Ctrl+C键。

(7) 如果要加入一个分隔条，单击“下一个”按钮新建一个菜单控件，输入标题：-；名称：MenuSp。

(8) 菜单项都建立完成后，单击“确定”按钮完成下拉式菜单的制作。

(9) 为了实现程序功能，还需要编写菜单控件的Click事件过程代码。

3. 弹出式菜单

弹出式菜单所弹出的菜单跟下拉式菜单的设计过程一样，也是通过“菜单编辑器”来完成设计，与下拉式菜单的区别是弹出式菜单设计中应将最高一级的菜单控件的Visible属性设置成Flase。

创建方法如下。

(1) 首先利用“菜单编辑器”建立菜单，并将最上级菜单项的Visible属性设置为False。

(2) 利用窗体的PopupMenu方法显示弹出式菜单。编写控件的MouseUp事件或MouseDown事件，在程序中利用窗体对象的菜单弹出方法PopupMenu来控制弹出式菜单的显示。PopupMenu方法的格式为：

[对象名.]PopupMenu 菜单名 [,flags [,x [,y [,BoldCommand]]]]

其中：

① 对象名　即窗体名，若省略该项将打开当前窗体的菜单。

② 菜单名　是指通过菜单编辑器设计的菜单(至少有一个子菜单项)的名称。

③ flags　一些常量数值的设置，包含位置及行为两个指定值。两个常数可以相加或以 or 相连。

④ x 和 y　用来指定弹出式菜单显示位置的横坐标(X)和纵坐标(Y)。如果省略，则弹出式菜单在鼠标光标的当前位置显示。

⑤ BoldCommand　指定在显示的弹出式菜单中将以粗体字体出现的菜单项名称。在弹出式菜单中只能有一个菜单项被加粗。

图 5-2 所示的是在文本框中检测右击事件弹出编辑菜单实例。

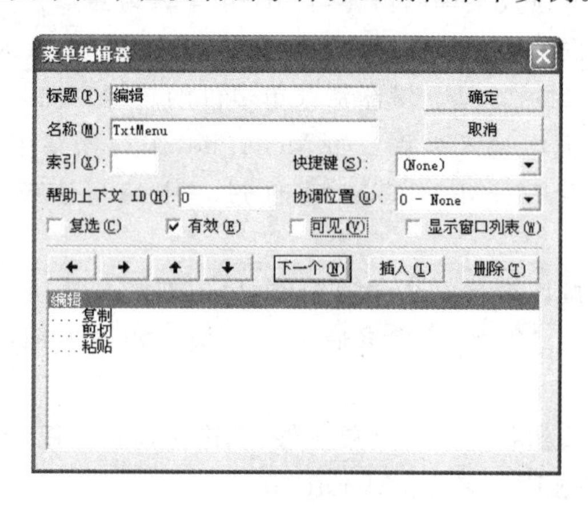

图 5-2　弹出式菜单设计

其中最上一级的菜单名称是 TxtMenu，属性为不可见，相关代码如下。

```
Private Sub Text1_MouseDown(Button As Integer, Shift As Integer, X As Single, Y As Single)
  If Button = 2 Then                                   '检测鼠标右键
    PopupMenu TxtMenu                                  '弹出菜单
  End If
End Sub
```

菜单中每个项目设计后，即成为菜单控件，它们都有 Visible、Enable、Index、Checked 等属性，可以按照普通控件的相关属性进行操作。

5.1.2　VB 文件操作控件

VB 文件操作相关控件有驱动器列表框、目录列表框和文件列表框等，在对文件进行操作时有重要的应用。

1. 驱动器列表框 Drive

驱动器列表框用于列举当前计算机中所有有效的驱动器，供用户选择操作。

(1) 常用属性

Drive属性是驱动器列表框最重要的属性，用于在运行时设置或返回所选择的驱动器。在设计时不可用，只能编写程序代码或运行时手工设置。设置格式为：

```
驱动器列表框名称.Drive[=驱动器名]
```

(2) 常用事件

驱动器列表框常用的事件是Change事件。当驱动器列表框的当前驱动器发生改变时，触发该事件。

(3) 相关语句

ChDrive语句可以改变当前默认的驱动器。ChDrive的语法：

```
ChDrive drive
```

必要的drive参数是一个字符串表达式，它指定一个存在的驱动器。如果使用零长度的字符串（""），则当前的驱动器将不会改变。如果drive参数中有多个字符，则ChDrive只会使用首字母。例如：

```
ChDrive "D"
```

可将D:改作当前驱动器。

2. 目录列表框Dir

目录列表框用于列举当前路径下的所有文件夹。

(1) 常用属性

Path属性是目录列表框最常用的属性，用来设置或返回当前目录的完整路径。Path属性适用于目录列表框和文件列表框，只能用程序代码或运行时手工设置。设置格式为：

```
目录列表框名称.Path[=路径]
```

例如：

```
Dir1.Path="C:\Visual Basic\VB" '指定C盘Visual Basic目录下的VB子目录为当前目录。
```

Path属性与Drive属性一样，只指定了当前目录，而要真正想使指定的目录成为当前目录，也必须使用ChDir语句。

(2) 常用事件

目录列表框的Change事件是在双击一个新的目录或通过代码改变Path属性的设置时发生的。每次目录列表框的Path属性改变时，都将引发Change事件。

(3) 相关语句

① ChDir语句。改变当前的目录或文件夹。语法：

```
ChDir path
```

必要的path参数是一个字符串表达式，它指明哪个目录或文件夹将成为新的默认目录或文件夹。path可能会包含驱动器，如果没有指定驱动器，则ChDir在当前的驱动器上改变默认目录或文件夹。

ChDir 语句改变默认目录位置，但不会改变默认驱动器位置。例如，如果默认的驱动器是 C，则下面的语句将会改变驱动器 D 上的默认目录，但是 C 仍然是默认的驱动器：

```
ChDir "D:\TMP"
```

② CurDir 函数。返回一个 Variant (String)，用来代表当前的路径。语法：

```
CurDir [(drive)]
```

可选的 drive 参数是一个字符串表达式，它指定一个存在的驱动器。如果没有指定驱动器，或 drive 是零长度字符串 ("")，则 CurDir 会返回当前驱动器的路径。

③ Dir 函数。返回一个 String，用以表示一个文件名、目录名或文件夹名称，它必须与指定的模式或文件属性或磁盘卷标相匹配。语法：

```
Dir [(pathname[, attributes])]
```

Dir 函数的语法具有以下几个部分。

(a) pathname：可选参数。用来指定文件名的字符串表达式，可能包含目录或文件夹以及驱动器。如果没有找到 pathname，则会返回零长度字符串 ("")。

(b) attributes：可选参数。常数或数值表达式，其总和用来指定文件属性。如果省略，则会返回匹配 pathname 但不包含属性的文件。

attributes 参数的设置如表 5-1 所示。

表 5-1　attributes 的参数及含义

常　数	值	描　　述
VbNormal	0 (默认)	指定没有属性的文件
VbReadOnly	1	指定无属性的只读文件
VbHidden	2	指定无属性的隐藏文件
VbSystem	4	指定无属性的系统文件
VbVolume	8	指定卷标文件；如果指定了其他属性，则忽略 VbVolume
VbDirectory	16	指定无属性文件及其路径和文件夹

Dir 支持多字符 (*) 和单字符 (?) 的通配符来指定多重文件。

为选中文件夹中所有文件，指定一空串：

```
Dir ("")
```

第一次调用 Dir 函数时，必须指定 pathname，否则会产生错误。如果也指定了文件属性，那么就必须包括 pathname。

Dir 会返回匹配 pathname 的第一个文件名。若想得到其他匹配 pathname 的文件名，再一次调用 Dir，且不要使用参数。如果已没有合乎条件的文件，则 Dir 会返回一个零长度字符串 ("")。一旦返回值为零长度字符串，并要再次调用 Dir 时，就必须指定 pathname，否则会产生错误。不必访问所有匹配当前 pathname 的文件名，就可以改变到一个新的 pathname 上。但是，不能以递归方式来调用 Dir 函数。以 VbDirectory 属性来调用 Dir 不能连续地返回子目录。

由于文件名并不会以特别的次序来返回，所以可以将文件名存储在一个数组中，然后再对这个数组排序。

④ MkDir 语句。创建一个新的目录或文件夹。语法：

```
MkDir path
```

必要的 path 参数是用来指定所要创建的目录或文件夹的字符串表达式。path 可以包含驱动器，如果没有指定驱动器，则 MkDir 会在当前驱动器上创建新的目录或文件夹。

⑤ RmDir 语句。删除一个存在的目录或文件夹。语法：

```
RmDir path
```

必要的 path 参数是用来指定要删除的目录或文件夹字符串表达式。path 可以包含驱动器，如果没有指定驱动器，则 RmDir 会在当前驱动器上删除目录或文件夹。

如果想要使用 RmDir 来删除一个含有文件的目录或文件夹，则会发生错误。在试图删除目录或文件夹之前，先使用 Kill 语句来删除所有文件。

⑥ Kill 语句。从磁盘中删除文件。语法：

```
Kill pathname
```

必要的 pathname 参数是用来指定一个文件名的字符串表达式。pathname 可以包含目录或文件夹以及驱动器。

在 Microsoft Windows 中，Kill 支持多字符（*）和单字符（?）的通配符来指定多重文件。

3. 文件列表框 File

文件列表框用于显示指定路径下，经过 Pattern 属性（默认为 *.*）过滤的文件。

(1) 常用属性

① FileName：用于返回或设置所选文件的文件名，该属性在设计时不可用。

② List：用于返回或设置控件的列表部分的项目，该属性在运行时是只读的。

③ Path：用于返回或设置当前的路径。

④ Pattern：用于返回或设置一个值，该值指示运行时显示在 FileListBox 控件中的文件名。

(2) 常用事件

文件列表框最常用的事件是 Click 事件和 DblClick 事件。习惯上利用 Click 选中文件而用 DblClick 事件执行该文件相关操作。

(3) 相关语句

① FileCopy 语句：复制一个文件。语法：

```
FileCopy source, destination
```

FileCopy 语句的语法参数如表 5-2 所示。

表 5-2　FileCopy 语句的参数

部　分	描　　述
source	必要参数。字符串表达式，用来表示要被复制的文件名。source 可以包含目录或文件夹以及驱动器
destination	必要参数。字符串表达式，用来指定要复制的目的文件名。destination 可以包含目录或文件夹以及驱动器

如果想要对一个已打开的文件使用 FileCopy 语句，则会产生错误。

② Name 语句：重新命名一个文件、目录或文件夹。语法：

```
Name oldpathname As newpathname
```

Name 语句的语法具有以下几个部分如表 5-3 所示。

表 5-3　Name 语句的参数

部　分	描　　述
oldpathname	必要参数。字符串表达式，指定已存在的文件名和位置，可以包含目录或文件夹以及驱动器
newpathname	必要参数。字符串表达式，指定新的文件名和位置，可以包含目录或文件夹以及驱动器。而由 newpathname 指定的文件名不能存在

Name 语句重新命名文件并将其移动到一个不同的目录或文件夹中。如有必要，Name 可跨驱动器移动文件。但当 newpathname 和 oldpathname 都在相同的驱动器中时，只能重新命名已经存在的目录或文件夹。Name 不能创建新文件、目录或文件夹。

在一个已打开的文件上使用 Name，将会产生错误。必须在改变名称之前，先关闭打开的文件。Name 参数不能包括多字符（*）和单字符（?）的通配符。

5.1.3　滚动条控件

滚动条(HScrollBar/VScrollBar)是一种 Windows 窗口常用的界面控制辅助工具，很多控件自身带有滚动条，但也有不少控件操作中需要编程人员自行使用滚动条来方便用户操作。

1. 常用属性

(1) Value 属性

Value 属性(默认值为 0)是一个整数，它对应于滚动框在滚动条中的位置。

(2) LargeChange 和 SmallChange 属性

为了指定滚动条中的移动量，对于单击滚动条的情况可用 LargeChange 属性，对于单击滚动条两端箭头的情况可用 SmallChange 属性。

(3) Max 属性和 Min 属性

Max 属性和 Min 属性分别表示滚动条表示的最大值和最小值。

在使用中，必要时可以设置 Max 值小于 Min 值，以保证控件的使用满足用户的操作习惯。例如，垂直滚动条默认的是上方为 Min 下方是 Max，当垂直滚动条用于音量控制时，可以将 Max 设置为小于 Min，以适应习惯上音量开关往上推为变大、往下拉为减小的用途。

2. 常用事件

(1) Change 事件

Change 事件在滚动框移动后发生。

(2) Scroll 事件

Scroll 事件在移动滚动框时发生。在单击滚动箭头或滚动条时不发生。

由于 Scroll 事件在移动滚动框时连续发生，而 Change 事件是在移动完成后才发生，因此在编程时应根据人们一般的使用习惯，选用合适的事件以保证滚动条操作的有效性。

5.1.4 VB 图片控件支持的图形文件

VB 图片控件支持的图形文件包括位图、图标、元文件、增强元文件、GIF 和 JPEG 等，不同格式的文件有不同的特点。

1. 位图文件

位图文件是用像素表示的图像，将它作为位的集合存储起来，每个位都对应一个像素。在彩色系统中会有多个位对应一个像素。位图通常以 .bmp 为文件扩展名。bmp 文件由文件头、位图信息头、颜色信息和图形数据 4 部分组成；位图文件存储信息的时候没有经过压缩，文件占空间较大；bmp 文件可用每像素 1、4、8、16 或 24 位来编码颜色信息，可以表达两种色彩到 16M 色彩的多种颜色数。由于文件未经过压缩，容易进行识读和修改。

2. 图标文件

图标文件是一个对象或概念的图形表示，在 Microsoft Windows 中一般用来表示最小化的应用程序。图标是位图，最大为 32 像素×32 像素，以.ico 为文件扩展名。个性化的程序都有标志性的图标文件，使得人们印象深刻。

Windows 未提供图标文件的设计工具，但可以通过网络搜索到很多的图标文件编辑软件，如 IconCool Editor 等，可以方便地进行图标文件的设计、修改。

3. 元文件和增强型元文件

元文件是指将图像作为线、圆或多边形这样的图形对象(图元)来存储，而不是存储其像素。元文件的类型有两种，分别是标准型和增强型。标准型元文件通常以 .wmf 为文件扩展名；增强型 Enhanced 元文件通常以 .emf 为文件扩展名。在图像的大小改变时，元文件保存图像会比像素更精确，一定程度上可以进行无级缩放。

4. GIF 文件

GIF 文件是一种无损压缩图形文件,新版本的 GIF 文件支持透明背景和动画,GIF 文件最高支持 256 色,由于其文件头数据结构中具有调色板表,因此可以用有限种类的色彩显示出令人满意的色彩效果。无损压缩存储机制使得 GIF 文件在不影响显示效果的情况下占空间较少。

VB 并不支持 GIF 的透明背景和动画效果,因此如果需要显示这些效果,必须使用第三方控件。

5. JPEG 文件

JPEG 是 Joint Photographic Experts Group 的首字母缩写,扩展名通常为 *.jpg、*.jpe、*.jpeg。

JPEG 文件是一种可调比例有损压缩图形文件,压缩比在(1～100):1 之间设置。在高压缩比情况下,一个人的标准照文件仅需要 1KB 即可保存,因此在跟流量关系密切的网络信息传输中,JPEG 文件使用普遍。因为采用有损压缩技术,当压缩比较高时,图像细节会损失较多。

【任务作业】

(1) 为任务 1.2 简易文本编辑器添加菜单。

(2) 上网搜索并下载 ICO 图标编辑软件,安装试用。用图标编辑软件制作 ICO 图标,并用于自己程序的主窗体。

任务 5.2 看图软件编程

【任务目标】

1. 熟练掌握驱动器、目录列表、文件列表控件。
2. 熟练掌握图像框控件的编程。
3. 熟悉 VB 支持的图形格式及其主要特点。
4. 学习滚动条控件与图像框控件互动操作技巧。

1. 任务情景描述

本任务是要求使用驱动器列表框、目录列表框、文件列表框及图像框等控件,设计制作一个图片浏览器软件,用于常见图像格式文件的显示。通过组合列表框可以选择欲浏览的文件类型,如图 5-3 所示。

2. 设计思路

通过 VB 的驱动器列表框,文件列表框和目录列表框控件组合成一个文件操作界面,可以模拟 Windows 系统中的文件路径、目录的过程,并通过图像框控件加载所支持的图

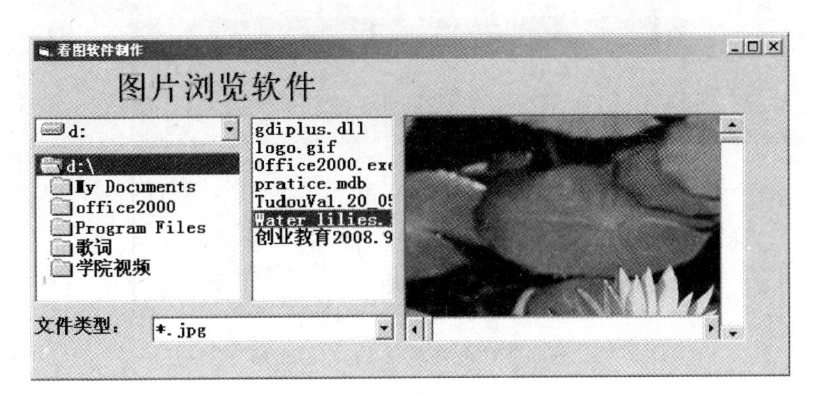

图 5-3　“图片浏览软件”初始化界面

片文件来显示图片。

3. 实训内容

“看图软件制作”程序运行后的初始化画面如图 5-3 所示(没有右边的图像)。在驱动器下拉列表框中可以选择驱动器,在目录列表框中可以选择目录,单击文件列表框中的图形文件,则可以把选择的图形显示在右边;用户也可以通过组合框选择要过滤的图形文件类型;当加载的图形比较大无法完全显示时,用户可以通过拖动水平滚动条和垂直滚动条来看到图形的全部,如图 5-4 所示。

图 5-4　拖动滚动条后的界面

(1) 进入 VB 后,新建一个“标准 EXE”项目,在工程 1 的设计窗口 Form1 上添加两个标签 Label1 和 Label2,一个驱动器列表框控件 Drive1,一个文件列表框控件 File1 和一个目录列表框控件 Dir1,一个图片框控件 Picture1,一个图像框控件 Image1,一个水平滚动条控件 HScroll1 和一个垂直滚动条控件 VScroll1,布局如图 5-5 所示。

(2) 修改相关的控件属性。选中设计窗口中的控件,在编辑窗口的右边属性窗口中修改相关属性值,其中:Label1 的 Caption 属性修改为“图片浏览软件”,Label2 的 Caption 属性修改为“文件类型:”。

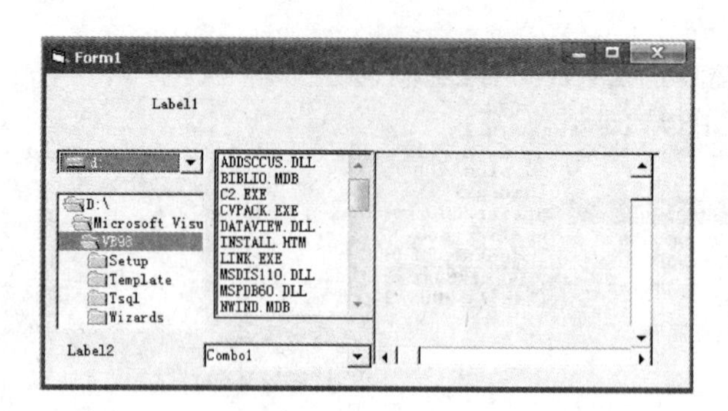

图 5-5 “看图软件”的控件布局

(3) 输入相关事件的代码。

```
Private Sub Combo1_Click()
  File1.Pattern = Combo1.Text
End Sub

Rem 实现文件列表控件和目录列表控件的同步
Private Sub Dir1_Change()
  File1.Path = Dir1.Path
End Sub

Rem 实现驱动器列表控件和目录列表控件的同步
Private Sub Drive1_Change()
  Dir1.Path = Drive1.Drive
End Sub

Private Sub File1_Click()
  If Right(File1.Path, 1) = "\" Then                    '判断该文件是否在根目录下
     Image1.Picture = LoadPicture(File1.Path + File1.FileName)
  Else
     Image1.Picture = LoadPicture(File1.Path + "\" + File1.FileName)
  End If
End Sub

Rem 设置组合框的可选图形格式
Private Sub Form_Load()
  Combo1.AddItem "*.jpg"
  Combo1.AddItem "*.bmp"
  Combo1.AddItem "*.gif"
  Combo1.AddItem "*.ico"
  Combo1.AddItem "*.wmf"
  Combo1.Text = "*.jpg"
Rem 设置滚动条的最大值
  VScroll1.Max = Picture1.Height - Image1.Height
  HScroll1.Max = Picture1.Width - Image1.Width
Rem 分别设置水平滚动条的宽度和垂直滚动条的高度
  VScroll1.Height = Picture1.Height
```

```
    HScroll1.Width = Picture1.Width - VScroll1.Width
Rem 设置图像框在图片框中的位置
    Image1.Left = 0
    Image1.Top = 0
End Sub

Private Sub HScroll1_Change()
      Image1.Left = -HScroll1.Value
End Sub

Private Sub VScroll1_Change()
      Image1.Top = -VScroll1.Value
End Sub
```

编程技巧：滚动条的最大值和最小值是有限的，在－32 768和32 767之间。而这个程序中的图片大小一旦超过这些值时，程序就会出错。为此，可以考虑将滚动条的最大值按比例减小为图像框大小的1/N，调整图像框的位置而调用滚动条的Value值时再放大到N倍即可解决这个问题。

(4) 试运行，选择某个目录下的特定图片文件，就可以在右边的图像框中显示出图片。

【任务作业】

(1) 查阅MSDN，思考在任务5.2中如何修改程序，使得在文件列表中可以同时显示所有有效的图片文件，编程解决这个问题。

(2) 如何在文件列表中能够同时显示所有文件，并且当单击到的文件为非VB支持的图像文件时不致出错，达到较好的容错性。编程解决这个问题。

任务5.3 带缩放功能的看图软件编程

【任务目标】

1. 掌握下拉式菜单和弹出式菜单的设计和应用。
2. 学习图像框控件的缩放应用技巧。

1. 任务情景描述

任务5.2的“看图软件”功能中，当图片太大时，只能显示图像的局部，虽然有滚动条移动画面，但无法看清图像的全局效果，为此需要对图像进行缩放操作。为了加强人机交互，可以考虑通过下拉式菜单或弹出式菜单进行控制，比较符合常用软件的操作界面设计习惯。

2. 设计思路

ImageBox图像控件自带有缩放功能，通过修改它的Stretch属性，即可激活它的缩放模式。通过菜单关闭 Stretch 属性，即可恢复图片的原始大小。

当 ImageBox 图像控件的 Stretch 属性打开后，只要修改该控件的宽高值，图像即可改变显示比例而出现缩放效果。

3. 实训内容

(1) 如图 5-6 所示，设计窗口菜单，其中标题为“图像缩放(右键)”项的“可见”复选框不选中，即为不可见。菜单的标题和名称对照如表 5-4 所示。

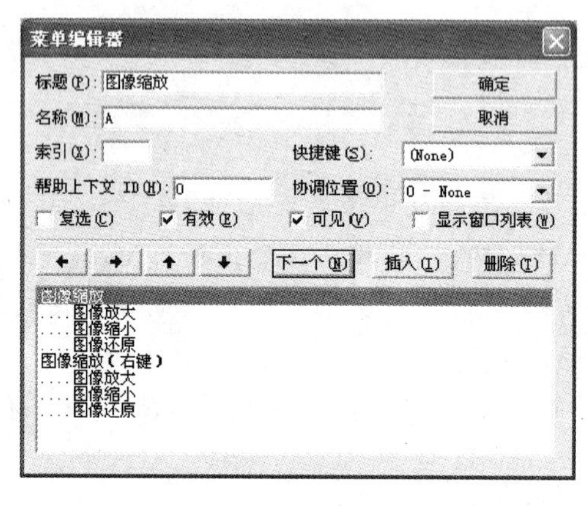

图 5-6 看图软件菜单设计

表 5-4 菜单项相关参数列表

标　题	名　称	可见
图像缩放	A	是
图像放大	ZoomInt	是
图像缩小	ZoomOut	是
图像还原	Original	是
图像缩放(右键)	C	否
图像放大	Large	是
图像缩小	Small	是
图像还原	Original1	是

(2) 保留任务 5.2 中的各控件，添加以下相关代码。

① 下拉式菜单的实现代码。

```
Rem 下拉式菜单进行图形缩小
Private Sub ZoomInt_Click()
  Image1.Width = Image1.Width / 2
  Image1.Height = Image1.Height / 2
  Image1.Stretch = True
End Sub

Rem 下拉式菜单进行图形放大
Private Sub ZoomOut_Click()
```

```
  Image1.Width = Image1.Width * 2
  Image1.Height = Image1.Height * 2
  Image1.Stretch = True
End Sub

Rem 下拉式菜单进行图形还原
Private Sub Original_Click()
  Image1.Stretch = False
End Sub
```

② 弹出菜单的实现代码。

```
Rem 弹出菜单进行图形缩小
Private Sub Small_Click()
  Image1.Width = Image1.Width / 2
  Image1.Height = Image1.Height / 2
  Image1.Stretch = True
End Sub

Rem 弹出菜单进行图形放大
Private Sub Large_Click()
  Image1.Width = Image1.Width * 2
  Image1.Height = Image1.Height * 2
  Image1.Stretch = True
End Sub

Rem 弹出菜单进行图形还原
Private Sub Original1_Click()
  Image1.Stretch = False
End Sub
```

③ 图像框的 MouseDown 事件代码。

```
Private Sub Image1_MouseDown(Button As Integer, Shift As Integer, X As Single, Y As Single)
Rem 鼠标右键弹出菜单
  If Button = vbRightButton Then
    PopupMenu C
  End If
End Sub
```

(3) 试运行,显示图片并用下拉式菜单或弹出式菜单进行缩放。

【任务作业】

(1) 任务5.2和任务5.3不够完善,主要是当图片宽高大于32 767时,程序会出错,修改程序解决这个问题。

(2) 任务5.3中图像大小缩放是按2倍进行的,修改程序,设置一个滚动条,用来设置缩放比例。

项目小结

图像图片是多媒体软件中的重要的媒体元素,利用本项目学习的知识,可以设计制作图文并茂的多媒体课件、多媒体演示软件,还可以利用定时控件实现动画效果。VB 控件使得 Windows 应用程序的开发变得得心应手,初学者也能编出功能丰富的软件。

在很多信息管理系统中,如学生管理系统、客户管理系统等,常常需要用到相片显示,利用图像控件可以很方便地实现这类功能,图 5-7 所示的是一个使用 VB 开发的船员管理系统中一个功能模块,其中相片就是采用 PictureBox 控件实现的。

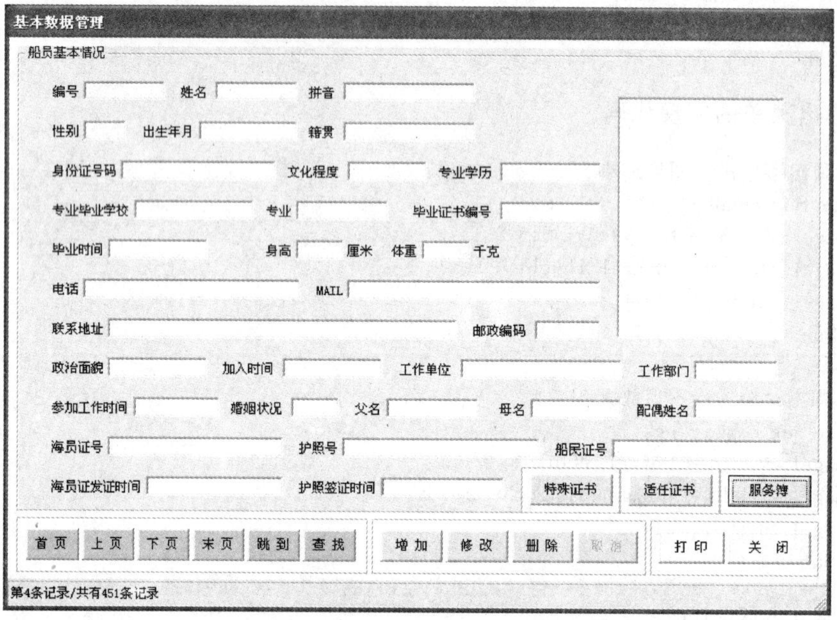

图 5-7　船员管理系统基本数据管理模块界面

学习中,应该注意 PictureBox 和 ImageBox 两种控件的区别,灵活应用。另外这两种控件不支持 GIF 动画效果,为了显示更多格式的图像文件,可以上网搜索并收集第三方控件用于程序开发。

项目6 拼图游戏开发

项目目的

通过该项目的实训，要求学生掌握VB控件的拖放(DragDrop)操作编程；掌握控件数组成员的创建、加载和定位；熟悉多种软件协作进行软件开发的工作过程；学习VB鼠标及键盘操作相关语句和事件编程；掌握扩展控件、第三方控件的使用。

项目要求

基本要求：开发一个拼图游戏软件，通过鼠标拖放实现图片的移动、定位，完成拼图正确性判断。

拓展要求：完善拼图游戏的人机交互功能，实现游戏难度设置；采用扩展控件添加背景音乐等功能。

任务6.1 必备知识与理论

【任务目标】

1. 掌握VB控件拖放操作概念及其编程知识。
2. 熟悉键盘事件相关概念。
3. 熟悉鼠标事件相关概念。

6.1.1 VB控件拖放操作

Windows操作系统中，拖放是最常用的操作，VB在程序设计中能非常容易地实现这一操作。

1. 与拖放有关的属性

(1) DragMode属性

DragMode属性用来设置自动或手动拖放模式，默认值为0(手动方式)。为了让控件自动执行拖放操作，必须把它的属性设为1，该属性既可以在属性窗口中设置，也可以在程序中设置，如：Picture1.DragMode＝1 一个对象的DragMode属性值为1时，该控件不再接收Click事件和MouseDown事件。

(2) DragIcon 属性

在拖动中,并非对象本身在移动,而是代表对象的图标,即一旦拖动某个控件,该控件就变成一个图标,放下后再恢复原来控件。DragIcon 属性含有一个图标或图片的文件名,如:Picture1. DragIcon=c:\vb5\icons\computer\disk06. ico 当拖动 Picture1 时,Picture1 即变成由 disk06. ico 所代表的图标。

2. 与拖放有关的事件

与拖放有关的事件是 DragDrop 和 DragOver,把控件拖动,如松开鼠标按钮,则产生 DragDrop 事件,事件过程格式如下:

```
Sub 对象名_DragOver(Source As Control, X As Single , Y As Single, State As Integer)
…
End Sub
```

该对象含有 3 个参数,其中 Source 为一个对象变量,类型为 Control;该参数含有被托动对象的属性,参数 X、Y 为松开鼠标按钮时光标的位置。

DragOver 事件用于图标移动,格式如下:

```
Sub 对象名_DragOver(Source As Control, X As Single, Y As Single, State As Integer)
…
End Sub
```

该事件含有 4 个参数,Source 含义同前;X、Y 是鼠标拖动时光标的位置坐标;State 有 3 个值可取,当为 0 时,鼠标光标正进入目标对象区域,当为 1 时,鼠标光标正退出目标对象区域,当为 2 时,鼠标光标正位于目标对象的区域之内。

3. 与拖放有关的方法

与拖放有关的方法是 Move 和 Drag。

(1) Move 方法

Move 方法用以移动 MDIForm、Form 或控件,不支持命名参数。语法:

```
object.Move left, top, width, height
```

Move 方法的语法包含表 6-1 所示部分。

表 6-1 Move 方法的语法的部分及描述

部分	描　　述
object	可选的。一个对象表达式,其值为"应用于"列表中的一个对象。如果省略 object,带有焦点的窗体默认为 object
left	必需的。单精度值,指示 object 左边的水平坐标(x 轴)
top	可选的。单精度值,指示 object 上边的垂直坐标(y 轴)
width	可选的。单精度值,指示 object 新的宽度
height	可选的。单精度值,指示 object 新的高度

只有 left 参数是必需的。但是，要指定任何其他的参数，必须先指定出现在语法中该参数前面的全部参数。例如，如果不先指定 left 和 top 参数，则无法指定 width 参数。任何没有指定尾部的参数则保持不变。

对于 Frame 控件中的窗体和控件，坐标系统总是用缇。移动屏幕上的窗体或移动 Frame 中的控件总是相对于左上角的原点(0,0)。移动 Form 对象或 PictureBox 中的控件(或 MDIForm 对象中的 MDI 子窗体)时，则使用该容器对象的坐标系统。坐标系统或度量单位是在设计时用 ScaleMode 属性设置；在运行时使用 Scale 方法可以更改该坐标系统。

(2) Drag 方法

Drag 方法实现控件的拖放操作。语法：

```
object.Drag action
```

Drag 方法的语法包含表 6-2 所示部分。

表 6-2　Drag 方法的语法的部分及描述

部分	描　述
object	必需的。一个对象表达式，其值为“应用于”列表中的一个对象。如果省略 object，则认为该对象事件过程包含有 Drag 方法
action	可选的。一个常数或数值，如“设置值”中所描述的，指定要执行的动作。如果省略 action，则默认值为开始拖动对象

action 的设置值如表 6-3 所示。

表 6-3　action 的设置值

常　数	值	描　述
VbCancel	0	取消拖动操作
VbBeginDrag	1	开始拖动 object
VbEndDrag	2	结束拖放 object

只有当对象的 DragMode 属性设置为手工(0)时，才需要使用 Drag 方法控制拖放操作。但是也可以对 DragMode 属性设置为自动(1 或 VbAutomatic)的对象使用 Drag。

如果在拖动对象过程中想改变鼠标指针形状，使用 DragIcon 或 MousePointer 属性。如果没有指定 DragIcon 属性，则只能使用 MousePointer 属性。

Drag 方法一般是同步的，这意味着其后的语句直到拖动操作完成之后才执行。然而，如果该控件的 DragMode 属性设置为 Manual (0 or VbManual)，则可以异步执行。

实例：在窗体上建立一个图片框 Picture1，装入一个图标文件，首先设置图片框的 DragIcon 属性。

```
Sub Form_Load( )
    Picture1.DragIcon= Picture1.Picture
End Sub
```

接着用 MouseDown 事件过程打开拖拉开关。

```
Sub Picture1_MouseDown (Button As Integer, Shift As Integer, X As Single, Y As Single)
    Picture1.Drag 1
End Sub
```

当松开鼠标按钮时,关闭拖拉开关,停止拖拉并产生 DragDrop 事件。

```
Sub Picture1_MouseUp (Button As Integer, Shift As Integer, X As Single, Y As Single)
    Picture1.Drag 2
End Sub
```

最后是 DragDrop 事件。

```
Sub Form_DragDrop (Source As Integer, X As Single , Y As Single)
    Source.Move (X - Source.Width/2),(Y - Source.Height/2)
End Sub
```

该程序实现一个图片框在窗体内的拖放。

对 DragMode 属性设置为自动(1 或 VbAutomatic)的对象使用 Drag 的实例在项目 6 中已经有详细的介绍,不再作说明。

6.1.2 键盘相关编程知识

在 Windows 应用程序中,有不少操作是通过键盘完成的,包括数据的输入,也包括一些界面的操作等。

1. Tab 操作和 TabIndex 属性、TabStop 属性

在 VB 中,通过 Tab 键或 Shift+Tab 键,可以实现焦点在控件间的移动,从而实现用键盘对控件进行选定,其中焦点在控件间的移动顺序是由控件的 TabIndex 属性决定的。

(1) TabIndex 属性

返回或设置父窗体中大部分对象的 Tab 键次序。语法:

```
object.TabIndex [= index]
```

TabIndex 属性语法包含表 6-4 所示部分。

表 6-4 TabIndex 语法的部分及描述

部分	描　述
object	对象表达式,其值是“应用于”列表中的一个对象
index	0 到 ($n-1$) 的整数,这里 n 是窗体中有 TabIndex 属性的控件的个数。给 TabIndex 赋一个小于 0 的值会产生错误

默认情况下,在窗体上画控件时 VB 会分配一个 Tab 键顺序,但 Menu、Timer、Data、Image、Line 和 Shape 控件除外,这些控件不包括在 Tab 键顺序中。运行时,不可见或无效的控件以及不能接收焦点的控件(Frame 和 Label 控件)仍保持在 Tab 键顺序中,但在

切换时要跳过这些控件。

每个新控件都放在 Tab 键顺序的最后。如果改变控件的 TabIndex 属性值来调整默认 Tab 键顺序，VB 会自动对其他控件的 TabIndex 属性重新编号，以反映出插入和删除操作。可以在设计时用属性窗口或在运行时用代码来做改变。

Zorder 方法不会影响 TabIndex 属性。

注意：控件的 Tab 键顺序不会影响与其相关的访问键。对于 Frame 或 Label 控件，如果按访问键，则焦点移到 Tab 键顺序中能够接收焦点的下一个控件上。

当加载存为 ASCII 文本的窗体时，对于具有 TabIndex 属性但在窗体描述中没有列出的控件会自动地分配一个 TabIndex 值。以后加载的控件，如果现有的 TabIndex 值与先前分配的值发生冲突，将给该控件分配新值。

删除一个或多个控件时，可以用 Undo 命令恢复控件以及除 TabIndex 之外所有的属性，TabIndex 是不能恢复的。用 Undo 命令时 TabIndex 被重放在 Tab 键顺序的结尾。

实例，假设建立了两个名称为 Text1 和 Text2 的 TextBox，然后又建立了一个名称为 Command1 的 CommandButton。应用程序启动时，Text1 具有焦点。按 Tab 键将使焦点按控件建立的顺序在控件间移动，如图 6-1 所示。

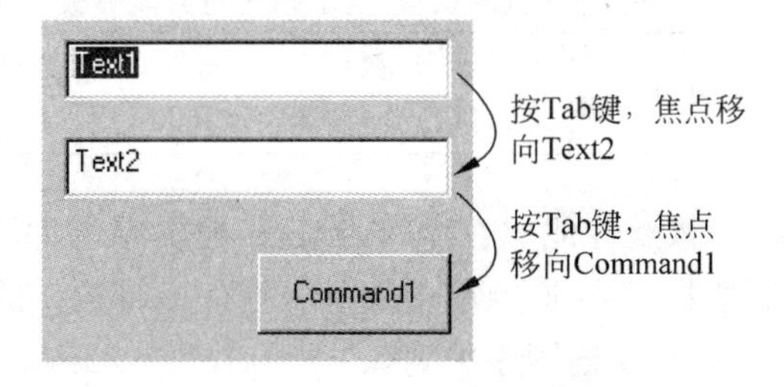

图 6-1 Tab 键例子

设置 TabIndex 属性将改变一个控件的 Tab 键顺序。控件的 TabIndex 属性决定了它在 Tab 键顺序中的位置。按照默认规定，第一个建立的控件 TabIndex 值为 0，第二个建立的控件 TabIndex 值为 1，以此类推。当改变了一个控件的 Tab 键顺序位置，Visual 自动为其他控件的 Tab 键顺序位置重新编号，以反映插入和删除。例如，要使 Command1 变为 Tab 键顺序中的首位，其他控件的 TabIndex 值将自动向上调整，如表 6-5 所示。

表 6-5 控件变化前后的 TabIndex 值

控　件	变化前的 TabIndex 值	变化后的 TabIndex 值
Text1	0	1
Text2	1	2
Command1	2	0

因为编号从 0 开始，TabIndex 的最大值总是比 Tab 键顺序中控件的数目少 1。即使 TabIndex 属性值高于控件数目，VB 也会将这个值转换为控件数减 1。

注意：不能获得焦点的控件，以及无效的和不可见的控件，不具有 TabIndex 属性，因而不包含在 Tab 键顺序中。按 Tab 键时，这些控件将被跳过。

(2) TabStop 属性

TabStop 属性返回或设置一个值，该值用来指示是否能够使用 Tab 键来将焦点从一个对象移动到另一个对象。语法：

```
object.TabStop [= boolean]
```

TabStop 属性的语法包含表 6-6 所示部分。

表 6-6　TabStop 语法的部分及描述

部分	描　述
object	对象表达式，其值是"应用于"列表中的一个对象
boolean	一个用来指定该对象是否能够被 Tab 停止的布尔表达式，"设置值"中有详细描述

其中 boolean 的设置值如表 6-7 所示。

表 6-7　boolean 的设置值

设置值	描　述
True	(默认值)表示指定对象能够被 Tab 停止
False	表示当用户按 Tab 键时，将跨越该对象，虽然该对象仍然在实际的 Tab 键顺序中保持其位置，按照 TabIndex 属性的决定

该属性能够在窗体的 Tab 键次序上加入或删除一个控件。通常，运行时按 Tab 键能选择 Tab 键顺序中的每一控件。将控件的 TabStop 属性设为 False (0)，便可将此控件从 Tab 键顺序中删除。

例如，如果正在使用 PictureBox 控件画一个图形，那么将其 TabStop 属性设置为 False，则就不能使用 Tab 键使焦点移动到 PictureBox 上。

TabStop 属性已置为 False 的控件，仍然保持它在实际 Tab 键顺序中的位置，只不过在按 Tab 键时这个控件被跳过。

注意：一个 OptionButton 组只有一个 Tab 站。选中的按钮(即 Value 值为 True 的按钮)的 TabStop 属性自动设为 True，而其他按钮的 TabStop 属性为 False。

2. Default 属性和 Cancle 属性

(1) Default 属性

Default 属性是相当有用的属性，用来返回或设置一个值，以确定哪一个按钮控件是窗体的默认命令按钮。Default 属性、Cancel 属性以及上述的 Tab 键合作，可以为输入界面设计为仅使用键盘完成所有输入工作，避免出现键盘、鼠标交替使用所带来的碍手碍脚的低效率操作状况。

语法：

```
object.Default [= boolean]
```

Default 属性语法包含表 6-8 所示部分。

表 6-8　Default 语法的部分及描述

部分	描　述
object	对象表达式,其值是“应用于”列表中的一个对象
boolean	布尔表达式,指定该命令按钮是否为默认按钮,“设置值”中有详细描述

boolean 的设置值如表 6-9 所示。

表 6-9　boolean 的设置值

设置值	描　述
True	该 CommandButton 是默认命令按钮
False	(默认值)该 CommandButton 不是默认命令按钮

窗体中只能有一个命令按钮可以为默认命令按钮。当某个命令按钮的 Default 设置为 True 时,窗体中其他的命令按钮自动设置为 False。当命令按钮的 Default 设置为 True 而且其父窗体是活动的,用户可以按回车键选择该按钮(激活其单击事件)。任何其他有焦点的控件都不接受回车键的键盘事件(KeyDown、KeyPress 或 KeyUp),除非用户将焦点移到同一窗体的另外一个命令按钮上。在这种情况下,按回车键选择有焦点的命令按钮而不是默认命令按钮。

对于支持如删除等不可恢复操作的窗体或对话框,将取消按钮的 Default 属性设置成 True,使其成为默认命令按钮,以免误操作。

对于 OLE 容器控件,只有像 CommandButton 这类控件对象才有 Default 属性。

(2) Cancel 属性

Cancel 属性用来返回或设置一个值,用来指示窗体中命令按钮是否为取消按钮。该命令按钮可以是 CommandButton 控件或 OLE 容器控件中的任何可作用命令按钮的对象。语法:

```
object.Cancel [= boolean]
```

Cancel 属性语法包含表 6-10 所示部分。

表 6-10　Cancel 语法的部分及描述

部分	描　述
object	对象表达式,其值是“应用于”列表中的一个对象
boolean	布尔表达式指定对象是否为取消按钮,“设置值”中有详细说明

boolean 的设置值如表 6-11 所示。

表 6-11　boolean 的设置值

设置值	描　述
True	CommandButton 控件是取消按钮
False	(默认值)CommandButton 控件不是取消按钮

使用 Cancel 属性使得用户可以取消未提交的改变,并把窗体恢复到先前状态。

窗体中只能有一个 CommandButton 控件为取消按钮。当一个 CommandButton 控件的 Cancel 属性被设置为 True,窗体中其他 CommandButton 控件的 Cancel 属性自动地被设置为 False。当一个 CommandButton 控件的 Cancel 属性设置为 True 而且该窗体是活动窗体时,用户可以通过单击它、按 Esc 键,或者在该按钮获得焦点时按回车键来选择它。

对于 OLE 容器控件,只有那些作用像命令按钮的对象才有 Cancel 属性。

提示:如果窗体支持不可恢复操作,如删除操作,一个好主意是将取消按钮设置为默认按钮。为此,将 Cancel 属性和 Default 属性都设为 True。

3. KeyDown、KeyUp 事件

这些事件是当一个对象具有焦点时按(KeyDown)或松开(KeyUp)一个键时发生的(要解释 ANSI 字符,应使用 KeyPress 事件)。语法如下:

```
Private Sub Form_KeyDown(keycode As Integer, shift As Integer)
Private Sub object_KeyDown([index As Integer,]keycode As Integer, shift As Integer)
Private Sub Form_KeyUp(keycode As Integer, shift As Integer)
Private Sub object_KeyUp([index As Integer,]keycode As Integer, shift As Integer)
```

KeyDown 和 KeyUp 事件包括表 6-12 所示部分。

表 6-12 KeyDown 和 KeyUp 的语法部分及描述

部分	描　述
object	一个对象表达式,其值是“应用于”列表中的一个对象
index	是一个整数,它用来唯一标识一个在控件数组中的控件
keycode	是一个键代码,诸如 VbKeyF1(F1 键)或 VbKeyHome(Home 键)。要指定键代码,可使用对象浏览器中的 Visual Basic(VB)对象库中的常数
shift	是在该事件发生时响应 Shift,Ctrl 和 Alt 键状态的一个整数。shift 参数是一个位域,它用最少的位响应 Shift 键(位 0)、Ctrl 键(位 1)和 Alt 键(位 2)。这些位分别对应于值 1、2 和 4。可通过对一些、所有或无位的设置来指明有一些、所有或零个键被按。例如,如果 Ctrl 和 Alt 这两个键都被按,则 shift 的值为 6

对于这两个事件来说,带焦点的对象都接收所有击键。一个窗体只有在不具有可视的和有效的控件时才可以获得焦点。虽然 KeyDown 事件和 KeyUp 事件可应用于大多数键,它们最经常地还是应用于以下方面。

(1) 扩展的字符键如功能键等。

(2) 定位键。

(3) 键盘修饰键和按键的组合。

(4) 区别数字小键盘和常规数字键。

(5) 在需要对按和松开一个键都响应时,可使用 KeyDown 事件和 KeyUp 事件过程。

下列情况不能引用 KeyDown 事件和 KeyUp 事件。

(1) 窗体有一个 CommandButton 控件,并且 Default 属性设置为 True 时的回车键。

(2) 窗体有一个 CommandButton 控件,并且 Cancel 属性设置为 True 时的 Esc 键。

(3) Tab 键。

KeyDown 和 KeyUp 用两种参数解释每个字符的大写形式和小写形式：keycode——显示物理的键(将 A 和 a 作为同一个键返回)和 shift ——显示 shift + key 键的状态而且返回 A 或 a 其中之一。

如果需要测试 shift 参数，可使用该参数中定义个位的 shift 常数。该常数的值如表 6-13 所示。

表 6-13　Shift 常数的值

常　数	值	描　述
VbShiftMask	1	Shift 键的位屏蔽
VbCtrlMask	2	Ctrl 键的位屏蔽
VbAltMask	4	Alt 键的位屏蔽

该常数用作位屏蔽，它可被用来测试任意键组合。

测试一个条件时，首先将每个结果分配给一个临时整数变量，然后将 shift 与一个位屏蔽进行对比。如，可用 And 运算符和 shift 参数一起来测试条件是否大于 0。该条件说明该修正键被按：

```
ShiftDown = (Shift And vbShiftMask) > 0
```

可按此例在一个过程中测试任何条件的组合：

```
If ShiftDown And CtrlDown Then
```

注意：如果 KeyPreview 属性被设置为 True，则一个窗体先于该窗体上的控件接收到此事件。可用 KeyPreview 属性来创建全局键盘处理例程。

4. KeyPreview 属性

KeyPreview 属性用来返回或设置一个值，以决定是否在控件的键盘事件之前激活窗体的键盘事件。键盘事件为：KeyDown、KeyUp 和 KeyPress。语法：

```
object.KeyPreview [= boolean]
```

KeyPreview 属性语法有如表 6-14 所示的组成部分。

表 6-14　KeyPreview 语法的部分及描述

部分	描　　述
object	对象表达式，其值是"应用于"列表中的一个对象
boolean	布尔表达式，指定如何接收事件，设置值中有其说明

boolean 的设置值如表 6-15 所示。

表 6-15　boolean 的设置值

设置值	描　　述
True	窗体先接收键盘事件，然后是活动控件接收事件
False	(默认值)活动控件接收键盘事件，而窗体不接收

可以用该属性，生成窗体的键盘处理程序，例如，应用程序利用功能键时，需要在窗体级处理击键，而不是为每个可以接收击键事件的控件编写程序。

如果窗体中没有可见和有效的控件，它将自动接收所有键盘事件。

若要在窗体级处理键盘事件而不允许控件接收键盘事件时，在窗体的 KeyPress 事件中设置 KeyAscii 为 0，在窗体的 KeyDown 事件中设置 KeyCode 为 0。

注意：一些控件能够拦截键盘事件，以致窗体不能接收它们。如 CommandButton 控件有焦点时的回车键以及焦点在 ListBox 控件上时的方向键。

5. KeyPress 事件

KeyPress 事件是当用户按下和松开一个 ANSI 键时发生。语法：

```
Private Sub Form_KeyPress(keyascii As Integer)
Private Sub object_KeyPress([index As Integer,]keyascii As Integer)
```

KeyPress 事件语法包含表 6-16 所示的部分。

表 6-16 KeyPress 语法的部分及描述

部分	描 述
object	一个对象表达式，其值是“应用于”列表中的一个对象
index	一个整数，它用来唯一标识一个在控件数组中的控件
keyascii	是返回一个标准数字 ANSI 键代码的整数。keyascii 通过引用传递，对它进行改变可给对象发送一个不同的字符。将 keyascii 改变为 0 时可取消击键，这样一来对象便接收不到字符

具有焦点的对象接收该事件。一个窗体仅在它没有可视和有效的控件或 KeyPreview 属性被设置为 True 时才能接收该事件。一个 KeyPress 事件可以引用任何可打印的键盘字符、一个来自标准字母表的字符或少数几个特殊字符之一的字符与 Ctrl 键的组合以及回车键或 BackSpace 键。KeyPress 事件过程在截取 TextBox 或 ComboBox 控件所输入的击键时是非常有用的。它可立即测试击键的有效性或在字符输入时对其进行格式处理，改变 keyascii 参数的值会改变所显示的字符。

可使用下列表达式将 keyascii 参数转变为一个字符：

```
Chr(keyascii)
```

然后执行字符串操作，并将该字符反译成一个控件且可通过该表达式解释的 ANSI 数字：

```
keyascii = Asc(char)
```

应当使用 KeyDown 和 KeyUp 事件过程来处理任何不被 KeyPress 识别的击键，如功能键、编辑键、定位键以及任何这些键和键盘换挡键的组合等。与 KeyDown 和 KeyUp 事件不同的是，KeyPress 不显示键盘的物理状态，而只是传递一个字符。

KeyPress 将每个字符的大、小写形式作为不同的键代码解释，即作为两种不同的字符。

如果 KeyPreview 属性被设置为 True，窗体将先于该窗体上的控件接收此事件。可用 KeyPreview 属性来创建全局键盘处理例程。

注意：Ctrl+@ 键的组合的 ANSI 编号是 0。因为 V B 将一个零值的 keyascii 识别为一个长度为零的字符串（""），在应用程序中应避免使用 Ctrl+@键的组合。

6.1.3　鼠标相关编程知识

据说鼠标是排在计算机之前的人类伟大发明之一。有了鼠标，使得计算机与操作者之间的人机交互极为便利，Windows 编程离不开鼠标相关的编程。

鼠标操作包括单击、双击、右击、鼠标按住、鼠标抬起、鼠标移动，还有前边刚刚学习的拖放操作。其中单击和双击事件包含在大多数控件的常用事件，不再单独介绍。

1. MouseDown 和 MouseUp 事件

这些事件是当按（MouseDown）或者释放（MouseUp）鼠标按钮时发生。语法：

```
Private Sub object_MouseDown([index As Integer,] button As Integer, shift As Integer, x As Single, y As Single)
Private Sub object _MouseUp([index As Integer,] button As Integer, shift As Integer, x As Single, y As Single)
```

MouseDown 和 MouseUp 事件各种语法包含表 6-17 所示部分。

表 6-17　MouseDown 和 MouseUp 的语法部分及描述

部分	描　述
object	返回一个对象表达式，其值是“应用于”列表中的一个对象
index	返回一个整数，用来唯一标识一个在控件数组中的控件
button	返回一个整数，用来标识该事件的产生是按住（MouseDown）或者释放（MouseUp）按钮引起的。button 参数是具有相应于左按钮（位 0）、右按钮（位 1）以及中间按钮（位 2）的一个位字段。这些位的值分别等于 1、2 和 4。其中仅有一位被设置，指示出引起该事件的那个按钮
Shift	返回一个整数，在 button 参数指定的按钮被按或者被释放的情况下，该整数相应于 Shift、Ctrl 和 Alt 键的状态。某键被按使得一个二进制位被设置。shift 参数是具有相应于 Shift 键（位 0）、Ctrl 键（位 1）以及 Alt 键（位 2）最少二进制位的一个位字段。这些位的值分别等于 1、2 和 4。shift 参数指示这些键的状态。这些位中可能有一些、全部或者一个也没有被设置，指示这些键中的一些、全部或者一个也没有被按住。例如，Ctrl 和 Alt 键都被按，则 shift 的值就是 6
x，y	返回一个指定鼠标指针当前位置的数。x 和 y 的值所表示的总是通过该对象 ScaleHeight、ScaleWidth、ScaleLeft 和 ScaleTop 属性所建立的坐标系统的方式

为了在给定的一个鼠标按钮按住或释放时指定将引起的一些操作，应当使用 MouseDown 或者 MouseUp 事件过程。不同于 Click 和 DblClick 事件的是：MouseDown 和 MouseUp 事件能够区分出鼠标的左、右和中间按钮，也可以为使用 Shift、Ctrl 和 Alt 等键盘

换挡键编写用于鼠标—键盘组合操作的代码。

下列情况对 Click 事件和 DblClick 事件都适用。

如果鼠标按钮是当其指针在窗体或控件之上时被按，则该对象将“捕获”鼠标并接收包括最后 MouseUp 事件在内的全部鼠标事件。这暗示了通过鼠标事件所返回的 x、y 鼠标指针坐标值，可以不总是在接收它们的对象的内部区域之内。

如果鼠标被持续地按住，则第一次按住之后捕获鼠标的对象将接收全部鼠标事件直至所有按钮被释放为止。如果要测试 button 或 shift 参数，可以使用对象浏览器中的 Visual Basic (VB) 对象库中所列出的常数，用来定义该参数中的各个二进制位如表 6-18 和表 6-19 所示。

表 6-18　按钮常数的值及描述

常数(按钮)	值	描　述
VbLeftButton	1	左按钮被按
VbRightButton	2	右按钮被按
VbMiddleButton	4	中间按钮被按

表 6-19　换挡常数的值及描述

常数(换挡)	值	描　述
VbShiftMask	1	Shift 键被按
VbCtrlMask	2	Ctrl 键被按
VbAltMask	4	Alt 键被按

随后这些常数作为位屏蔽，对于按钮的各种组合，无须计算各个组合唯一的位字段即可进行测试。

注意：可使用 MouseMove 事件过程对由于鼠标移动而引起的事件进行响应。MouseDown 和 MouseUp 所使用的 button 参数与 MouseMove 所使用的 button 参数是不同的。对于 MouseDown 和 MouseUp 来说，button 参数要精确地指出每个事件的一个按钮，而对于 MouseMove 来说，button 参数指示的是所有按钮的当前状态。

MouseDown 是 3 种鼠标事件中最常使用的事件。例如，在运行时可用它调整控件在窗体上的位置，也可用它实现某些图形效果。按鼠标按钮时就可触发此事件。

结合 Move 方法使用 MouseDown 事件实例。

将 MouseDown 事件与 Move 方法联合起来使用就可将命令按钮移动到窗体的不同位置。鼠标指针的位置决定按钮的新位置：在单击窗体的任意位置(除控件所在处外)时控件将移动到光标位置。

单一过程 Form_MouseDown 将执行此操作。

```
Private Sub Form_MouseDown (Button As Integer, Shift As Integer, X As Single, Y As Single)
   Command1.Move X, Y
End Sub
```

Move 方法将命令按钮控件的左上角放置在由 x 和 y 参数指出的鼠标指针位置。可修改此过程，以便将控件的中心放置在鼠标位置。

```
Private Sub Form_MouseDown (Button As Integer, Shift As Integer, X As Single, Y As Single)
   Command1.Move (X - Command1.Width / 2), (Y - Command1.Height / 2)
End Sub
```

结合 Line 方法使用 MouseDown 事件实例。

在先前的绘制位置与鼠标指针的新位置之间画一条直线，这个应用程序中使用了 MouseDown 事件和 Line 方法。使用以下语法，Line 方法将绘制一条从上次绘制点到点（x2，y2）的直线。

```
Line - (x2, y2)
```

创建一个空窗体及一个过程 Form_MouseDown。

```
Private Sub Form_MouseDown (Button As Integer, Shift As Integer, X As Single, Y As Single)
   Line -(X, Y)
End Sub
```

第一条直线始于默认起点，也就是左上角。因此无论何时，只要按鼠标，应用程序就会绘制一条从先前位置到鼠标目前位置的直线。如图 6-2 所示，程序运行的结果是一系列连接的直线。

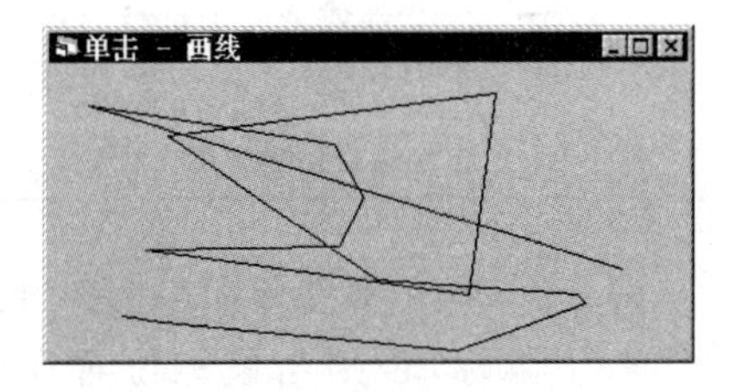

图 6-2　调用 MouseDown 后即绘制互相连接的直线

2. MouseIcon 属性

在 VB 中，鼠标图标可以自定义，MouseIcon 属性可以返回或设置自定义的鼠标图标。语法：

```
object.MouseIcon = LoadPicture(pathname)
    object.MouseIcon [= picture]
```

MouseIcon 属性的语法包含表 6-20 所示部分。

表 6-20　MouseIcon 属性的语法部分及描述

部分	描　述
object	对象表达式，其值是“应用于”列表中的一个对象
pathname	字符串表达式，指定包含自定义图标文件的路径和文件名
picture	Form 对象、PictureBox 控件或 Image 控件的 Picture 属性

MouseIcon 属性提供一个自定义图标，它在 MousePointer 中属性设为 99 时使用。

3. MouseMove 事件

MouseMove 事件在移动鼠标时发生。语法：

```
Private Sub object_MouseMove([index As Integer,] button As Integer, shift As Integer, x As Single, y As Single)
```

MouseMove 事件语法包含表 6-21 所示部分。

表 6-21　MouseMove 事件的语法部分及描述

部分	描　　述
object	一个对象表达式,其值是"应用于"列表中的一个对象
index	一个整数,用来唯一标识一个在控件数组中的控件
button	一个整数,它对应鼠标各个按钮的状态,如果某个按钮被按,其中就有一个二进制位被设置。button 参数是具有相应于左按钮(位 0)、右按钮(位 1)以及中间按钮(位 2)的一个位字段。这些位的值分别等于 1、2 和 4。它指示这些鼠标按钮的整体状态;3 个二进制位中的一些、全部或一个也没有被设置,指示这些按钮中的一些、全部或一个也没有被按
shift	一个整数,该整数相应于 Shift 键、Ctrl 键和 Alt 键的状态。某键被按使得一个二进制位被设置。shift 参数是具有相应于 Shift 键(位 0)、Ctrl 键(位 1)以及 Alt 键(位 2)最少二进制位的一个位字段。这些位的值分别等于 1、2、和 4。shift 参数指示这些键的状态。这些位中可能有一些、全部或者一个也没有被设置,指示这些键中的一些、全部或者一个也没有被按下。例如,Ctrl 键和 Alt 键都被按,则 shift 的值就是 6
x, y	一个指定鼠标指针当前位置的数。x 和 y 的值所表示的总是通过该对象 ScaleHeight、ScaleWidth、ScaleLeft 和 ScaleTop 属性所建立的坐标系统的方式

MouseMove 事件伴随鼠标指针在对象间移动时连续不断地产生。除非有另一个对象捕获了鼠标,否则当鼠标位置在对象的边界范围内时该对象就能接收 MouseMove 事件。

要测试 button 或 shift 参数,可使用对象浏览器中的 Visual Basic (VB) 对象库中所列出的常数,用来定义该参数中的各个二进制位,如表 6-22 和表 6-23 所示。

表 6-22　按钮常数的值及描述

常数(按钮)	值	描　　述
VbLeftButton	1	左按钮被按
VbRightButton	2	右按钮被按
VbMiddleButton	4	中间按钮被按

表 6-23　换挡常数的值及描述

常数(换挡)	值	描　　述
VbShiftMask	1	Shift 键被按
VbCtrlMask	2	Ctrl 键被按
VbAltMask	4	Alt 键被按

然后这些常数用作位屏蔽,对于按钮的各种组合,无须计算出各个组合唯一的位字段值即可进行检测。

要测试某一条件,首先将各个结果赋给一个临时整型变量,然后再与一个位屏蔽的

button 或 shift 参数进行比较。测试应当用各个参数进行 And 运算,若结果大于零,则说明该键或按钮被按。其操作如下:

```
LeftDown = (Button And vbLeftButton) > 0
    CtrlDown = (Shift And vbCtrlMask) > 0
```

然后,可对结果的各种组合进行检测,其操作如下:

```
If LeftDown And CtrlDown Then
```

注意:为了对鼠标按钮被按和释放所引起的事件进行处理,可使用 MouseDown 事件和 MouseUp 事件过程。

MouseMove 事件的 button 参数与 MouseDown 事件和 MouseUp 事件的 button 参数是不同的。对于 MouseMove 事件来说,button 参数指示的是所有按钮当前的状态;一个 MouseMove 事件可指示某些、全部或没有一个按钮被按。对于 MouseDown 和 MouseUp 事件来说,button 参数在每个事件精确地指示一个按钮。

在 MouseMove 事件中,任何时候移动窗口都能引起层叠事件。当该窗口移动到指针下面时,MouseMove 事件将产生。即使鼠标完全不动,MouseMove 事件也能产生。

4. MousePointer 属性

MousePointer 属性用来返回或设置一个值,该值指示在运行时当鼠标移动到对象的一个特定部分时,被显示的鼠标指针的类型。语法:

```
object.MousePointer [= value]
```

MousePointer 属性语法包含如表 6-24 所示部分。

表 6-24　MousePointer 属性的语法部分及描述

部分	描　述
object	对象表达式,其值是"应用于"列表中的一个对象
value	整数,按照设置值中的描述指定被显示的鼠标指针类型

value 的设置值如表 6-25 所示。

表 6-25　value 的设置值

常　数	值	描　述
VbDefault	0	(默认值)形状由对象决定
VbArrow	1	箭头
VbCrosshair	2	十字线(crosshair 指针)
VbIbeam	3	I 型
VbIconPointer	4	图标(矩形内的小矩形)
VbSizePointer	5	尺寸线(指向东、南、西和北四方向的箭头)
VbSizeNESW	6	右上-左下尺寸线(指向东北和西南方向的双箭头)

续表

常　数	值	描　　述
VbSizeNS	7	垂直尺寸线(指向南和北的双箭头)
VbSizeNWSE	8	左上-右下尺寸线(指向东南和西北方向的双箭头)
VbSizeWE	9	水平尺寸线(指向东和西两个方向的双箭头)
VbUpArrow	10	向上的箭头
VbHourglass	11	沙漏(表示等待状态)
VbNoDrop	12	不允许放下
VbArrowHourglass	13	箭头和沙漏
VbArrowQuestion	14	箭头和问号
VbSizeAll	15	四向尺寸线
VbCustom	99	通过 MouseIcon 属性所指定的自定义图标

在鼠标指针越过窗体或对话框上的控件时,为了指出功能上的改变,可以使用该属性。沙漏标形状设置值是很有用的,用来指示用户需要等待过程或操作的完成。

注意:如果应用程序调用 DoEvents,那么 MousePointer 属性在经过 ActiveX 部件时可能暂时地改变。

【任务作业】

(1) 根据知识学习内容,编写一个程序,通过双击来开关画线状态,通过单击来绘制直线图形。

(2) 修改作业(1)的程序,通过键盘的特定按键(比如按空格键开始画线,按回车键则结束画线),来切换画线状态。

任务 6.2　拼图游戏主界面及相关程序设计

【任务目标】

1. 设计拼图游戏主界面,准备拼图游戏所用的图块。
2. 学习并掌握控件的拖放相关语句和事件编程。
3. 掌握控件数组的创建和加载代码,巩固控件数组编程知识。

1. 任务情景描述

这个任务是将一个完整的图片均分成 9 片,并预放在程序界面的右上角。软件的主界面是一个 3×3 的田字格,右上角的图片“碎片”可以通过鼠标拖放到田字格的某格子中,直到拼接成完整的图片,如图 6-3 所示。

2. 设计思路

通过 PhotoShop 等图像编辑工具,将一幅完整的图片切割成 9 个等分“小片”,存放在软件安装目录下,并用数字序号取名,以方便调用。

图 6-3　拼图游戏软件主界面

3×3 的田字格用 9 个图片框控件数组按 Index 序号排列而成，同时程序采用 9 个图像控件数组成员加载上述图片碎片，并将它们叠放在界面的右上角。

当图像框(ImageBox)被鼠标拖放到图片控件(PictureBox)上释放时，激活了图片控件的 DragDrop 事件，程序判断被拖放的控件是图像框时，即将图像框中的图片内容赋值给该图片框控件，之后图像框设置为不可见，达到图片内容被“传递”的效果，实现拼图。

为了提高软件制作效率，软件中的控件数组可以采用代码来自动创建和定位，免去了手工复制、定位过程中的各种麻烦。

3. 实训内容

(1) 首先，需要准备拼图用的图片小片。找一张约 600 像素×400 像素的图片，用图像编辑软件分割成均匀的 3×3 片，文件名从左到右、从上到下分别是 0.jpg、1.jpg、…、8.jpg，如图 6-4 所示。

(2) 新建一个“标准 EXE”项目，按图 6-5 中控件位置进行布局。

该界面比较简单，左边的是 Picture1 图片框控件，右方的虚线框是图像控件 Image1。修改 Picture1 的 Appearance 属性为 0(Flat 平面的)、BorderStyle 属性为 1(固定的单线框)、DragMode 属性为 1(Automatic，打开拖放模式)；修改 Image1 的 DragMode 属性为 1(Automatic，打开拖放模式)。

为减少界面设计工作量，控件数组采用 VB 语句自动生成并进行排列。将工程保存在自己建立的文件夹下，将前面准备好的图片文件一起保存在当前工程文件夹下，以便程序加载。

(3) 以下程序在窗体加载内存时执行，实现拼图区和待拼图片加载。

```
Private Sub Form_Load()
    For i = 1 To 8
        Load Picture1(i)              '加载图片框控件数组元素 1~8
```

(a) “切割”前完整的图片　　(b) “切割”成3×3片后的9个图片“小片”文件

图 6-4　拼图用图片素材分割前后

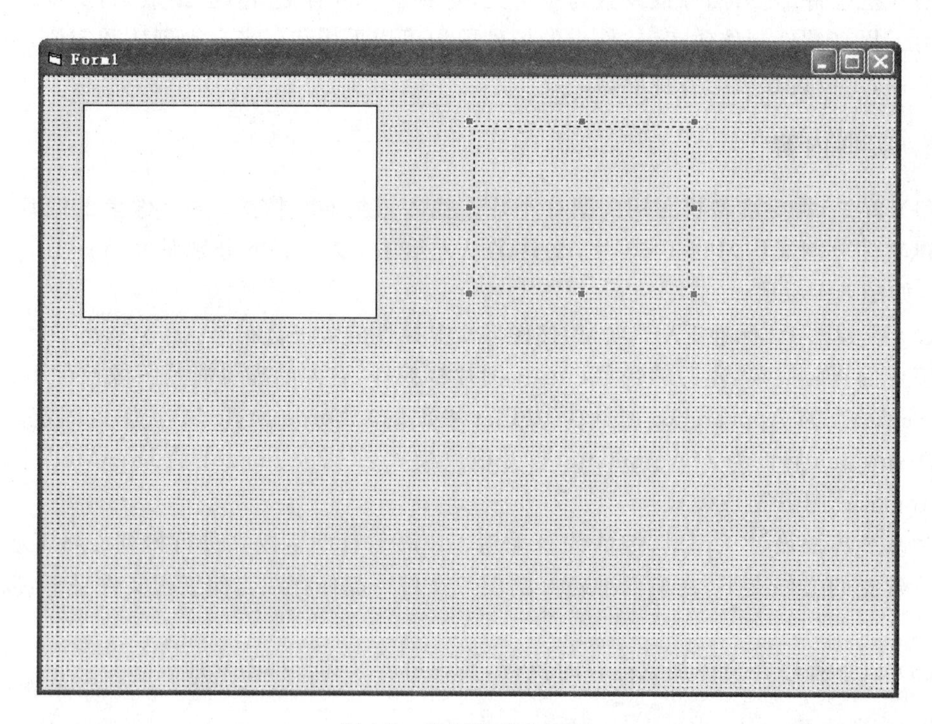

图 6-5　拼图游戏主界面

```
        Picture1(i).Visible = True '置这些控件数组元素可见
        Load Image1(i)             '加载图像控件数组元素 1～8
        Image1(i).Visible = True   '置这些控件数组元素可见
    Next
    For i = 0 To 8
        '将应用程序文件夹下的 9 个图片加载进图像控件数组中
        Image1(i).Picture = LoadPicture(App.Path & "\" & i & ".jpg")
    Next
    For i = 0 To 2
        For j = 0 To 2
            '将图片框宽和高设置成与图像控件一致
            Picture1(i * 3 + j).Width = Image1(0).Width
            Picture1(i * 3 + j).Height = Image1(0).Height
            '将图片框位置设置成 3×3 的拼图阵列
            Picture1(i * 3 + j).Left = j * Picture1(0).Width
            Picture1(i * 3 + j).Top = i * Picture1(0).Height
            '将图像控件叠在拼图区右上侧
            Image1(i * 3 + j).Top = 0
            Image1(i * 3 + j).Left = Image1(i * 3 + j).Width * 3 + 200
        Next
    Next
End Sub
```

(4) 试运行程序，可以看见一个以 3×3 方格组成的拼图区和一个拼图小片的游戏界面，如图 6-6 所示。

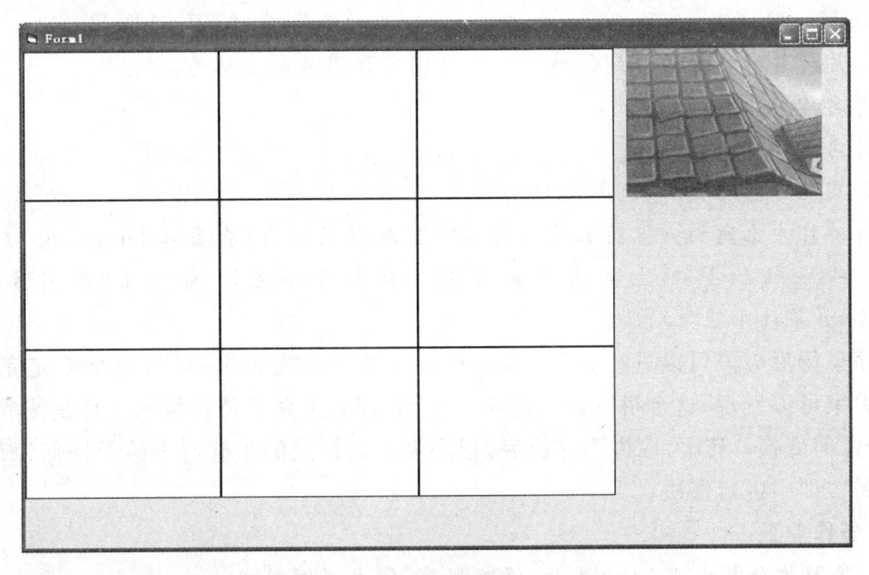

图 6-6　运行时的游戏界面

(5) 以下是拖放事件检测程序。

```
Private Sub Picture1_DragDrop(Index As Integer, Source As Control, X As Single, Y As Single)
  '假如被拖放的对象名称大写为"IMAGE1"
  If UCase(Source.Name) = "IMAGE1" Then
        '当前图片框的图片设为与被拖放控件图片相同
    Picture1(Index).Picture = Source.Picture
    Source.Visible = False                        '被拖放对象不可见
      Else                                        '否则被拖放的是图片框
    If Source.Picture = 0 Then Exit Sub           '被拖进来的图片框没有图片则退出
    If Picture1(Index).Picture <> 0 Then Exit Sub '当前图片框已经有图片则退出
    Picture1(Index).Picture = Source.Picture      '交换图片
    Source.Picture = LoadPicture("")              '将被拖放的图片框图片设为空
  End If
End Sub
```

编程技巧：在VB中，默认控件设计的位置定位可以对齐到网格，利用这一原理，也可以修改拼图游戏，将图片碎片直接拖放到窗体的一定位置并对齐。具体方法是在窗体的DragDrop事件中，检测拖进来的控件的左上角坐标，当落进一定范围后，即强制定位于这个区域的左上角。

例如，图片碎片的宽和高分别是W和H，则窗体的网格点(实际并不存在)坐标分别设计为：

(0,0)	(W−1,0)	(2W−1,0)	…	(nW−1,0)
(0,H−1)	(W−1,H−1)	(2W−1,H−1)	…	…
(0,2H−1)	(W−1,2H−1)	…	…	…
…	…	…	…	…
(0,mH−1)	…	…	…	(nW−1,mH−1)

当图片碎片的左上角移到(x,y)时，即可设置该图片的坐标为：

碎片名称.Left = x\W

碎片名称.Top = y\H

从而实现网格对齐效果。

图片碎片左上角的坐标获取是将窗体中鼠标移动坐标(在窗体DragDrop事件中获取)分别在X轴和Y轴上减去鼠标在图片碎片中单击时的坐标(在图片碎片的MouseMove事件中获取)。

程序运行后应该可以进行拼图，即将右上角的图片拖到拼图区，直至填充完拼图方格。但大家可以发现，这个拼图游戏的两个缺陷，即右上角等待拼接的图片是按顺序排列的，没有任何变换；其次，在拼图完成后，程序没有对拼图的正确与否给予任何评价，我们将在拓展实训中进行解决。

【任务作业】

(1) 将图片分割成4×4个小片，修改程序，完成拼图游戏。

(2) 思考怎样设计软件，可以实现3×3和4×4拼图的难度选择，编程实现。

任务6.3　拼图游戏软件的拓展编程

【任务目标】

1. 学习控件的叠放层次控制语句用法。
2. 掌握循环语句和判断语句的综合运用。
3. 完成拼图游戏的正确性判断代码编程。
4. 增加游戏背景音乐。

1. 任务情景描述

任务6.2实现拼图游戏中的图片拖放效果，但待拖放的图片碎片是按照控件创建的次序叠放的，因此没有任何的难度，按顺序拖放即可拼成大图，不符合游戏需求。

实际使用中，需将这些图像控件数组随机叠放于拼图区之外，需要游戏者判断最上层显示的图像框内容的拖放目的地，外部待拼入的图片只能拖放到空白的田字格区。

而且，在图片田字格区有空白时，允许已经拼入的图与空白区进行对换调整，两个填有图片的田字格区不允许互换，一旦田字格区填满图片就进行正确性判断，如果拼接正确就显示成功，不然则算失败。

2. 设计思路

(1) 乱序显示被拼接图片碎片

被图像控件数组加载的拼图小片其加载顺序与控件数组的下标是一致的，而图像控件数组在程序界面中叠放的顺序与这个控件被Load的顺序有关，为了打乱其显示顺序，最简单的办法是随机打乱图像控件数组成员的叠放顺序。

VB中控件的Zorder方法是用于调整控件放置“层”的重要工具，当某控件要被提到所有控件的“Z-序列”的前方，则给该控件执行

```
控件名.Zorder 0
```

反之，某控件要被提到所有控件的“Z-序列”的后方，则执行

```
控件名.Zorder 1
```

用循环语句得到0～8之间的9个随机数字，依次将这些随机数对应下标的图像控件数组成员的Z-序列提到最前，则9个图像控件的叠放顺序将被随机打乱。

(2) 游戏成功判断

这里有两个内容，即先感知图片拼接完毕，再对拼接结果进行正确性判别。

图片拼接完成的判别有两个方法。

① 逐个判别图片框控件数组成员的Picture属性是否都不为0。

② 逐个判别图像控件数组成员的Visible属性是否都为False。

拼接结果正确性的判断，可以预先定义一个数组用于跟踪记录拖放进的图片原来加

载图像控件数组成员的下标数，然后与当前的图片库控件数组成员下标数对照，如果是一致的，则拼接正确，不然提示错误。

3. 实训内容

(1) 乱序显示图片碎片

将程序窗体的 Load 事件做适当修改，增加随机叠放程序代码。

```
Private Sub Form_Load()
    …
    '前半部代码保留
    …
    '以下代码为新增
    Randomize Timer                    '将计算机午夜至现在的秒数作为随机数"种子"
    For i = 0 To 8
        X = Int(Rnd * 10) Mod 9        '获得 0～8 的随机数
        Image1(X).ZOrder 0             '将指定图像控件的 Z-序列提到最前面
    Next
End Sub
```

编程技巧：在 VB 中 Rnd 随机数函数可以获得[0,1)之间的一个 0 或小数，因此为了获取一个[M,N]之间的随机数，可以采用运算式

$$\text{Int}(\text{Rnd} * (N-M+1)) + M$$

来获得。但在 VB 中 Rnd 随机数是从计算机内随机数表中取得的，其随机序列并不是真正随机的，如果直接调用 Rnd 获得随机数，则每次程序运行时，获得的随机数是一样的序列。为了避免这种情况，可以用 Randomize 语句来初始化随机数生成器，通常可以用 Timer 作为随机数种子。

加上这些语句后，程序每次运行时，等待拼接的图片顺序不再是固定顺序，增加了游戏的难度和趣味性。

(2) 游戏结果判断

接下来要解决的问题是如何在图片被拼完后，程序自动识别拼接的正确性，并给出结果提示。

① 在窗体通用代码区输入下面代码，定义一个窗体全局数组变量。

```
Dim C(8) As Integer
```

② 修改图片框控件的 DragDrop 事件代码。

```
Private Sub Picture1_DragDrop(Index As Integer, Source As Control, X As Single, Y As Single)
  If UCase(Source.Name) = "IMAGE1" Then
    Picture1(Index).Picture = Source.Picture
    Source.Visible = False
    C(Index) = Source.Index            '新增语句，用数组 C 记录拖放图像控件数组的下标
  Else
    If Source.Picture = 0 Then Exit Sub
    If Picture1(Index).Picture <> 0 Then Exit Sub
```

```
            Picture1(Index).Picture = Source.Picture
            C(Index) = C(Source.Index)          '新增语句,交换数组C记录的数值
            C(Source.Index) = 0
            Source.Picture = LoadPicture("")
        End If
        '以下语句都是新增的
        '检测所有的图像控件都不可见,则说明拼图完毕,需要进行正确判断
        For i = 0 To 8
            If Image1(i).Visible Then
                Exit For
            End If
        Next
        If i = 9 Then
            For j = 0 To 8
                X = C(j) - j          '任何一个图片序号与图片框数组下标不一致即是拼图失败
                If X <> 0 Then
                    MsgBox "失败!!"
                    Exit For
                End If
            Next
            If j = 9 Then             '没有任何失败的则显示成功
                MsgBox "成功!!"
            End If
        End If
    End Sub
```

编程技巧:在For循环语句中,循环步进值为1时,循环正常结束后循环变量的终值是终止判断值+1。例如For I = 1 To 100,循环完成后I值为101。如果在循环中有Exit For语句中止了循环,则I值总是小于101。利用这个原理,可以通过循环变量的终值来判断循环语句是否被中止过。上述代码中两次运用这个方法检测循环是否完整地完成。

(3) 背景音乐

首先打开前面完成的程序,在VB编程环境下选择“工程”→“部件”命令,打开“部件”对话框,在“控件”选项卡的控件列表中选择Microsoft Multimedia Control 6.0复选框,单击“确定”按钮退出对话框,此时在左侧的工具箱中可以找到控件符号,单击这个符号,在界面上“画”出一个多媒体播放控件MMControl1,同时再添加一个文件列表框File1。

以下代码加入程序窗体的Load事件中,以初始化这两个新的控件。

```
    Private Sub Form_Load()
        ...
        '前半部代码保留
        ...
        '以下代码为新增
        Randomize Timer                    '将计算机午夜至现在的秒数作为随机数“种子”
        For i = 0 To 8
```

```
        X = Int(Rnd * 10) Mod 9                    '获得0~8的随机数
        Image1(X).ZOrder 0                          '将指定图像控件的Z-顺序提到最前
    Next
    File1.Pattern = "*.MP3"                         '设置文件列表框的文件类型为MP3
    File1.Visible = False                           '隐藏文件列表框
    File1.Path = App.Path                           '将文件列表框工作路径设置为同程序的工作路径
    MMControl1.Visible = False                      '隐藏多媒体控件
    PlayMP3                                         '播放背景音乐
End Sub
```

增加 MP3 文件播放的相关过程代码。

```
Sub PlayMP3()                                       'MP3播放过程
  Dim Idx As Integer
  If File1.ListCount <> 0 Then                      '假如文件夹中有MP3文件
    Idx = Int(Rnd * (File1.ListCount))              '取得随机播放文件序号
    MMControl1.DeviceType = "mpegvideo"             '设置多媒体控件的播放设备类型
    MMControl1.Command = "stop"                     '终止控件的播放
    MMControl1.Command = "close"                    '释放文件
    MMControl1.FileName = App.Path & "\" & File1.List(ListIdx)   '设置播放文件
    MMControl1.Command = "open"                     '打开文件
    MMControl1.Command = "play"                     '播放文件
  End If
End Sub

Private Sub MMControl1_Done(NotifyCode As Integer)
  PlayMP3                                           '当一首MP3播放完毕后,播下一首
End Sub
```

将音乐 MP3 文件复制到程序所在文件夹中,运行程序时,音乐将随机播放,用户可以边游戏边欣赏背景音乐。

【任务作业】

(1) 刚完成的任务只能进行一套图片的拼图,如果想增加游戏的趣味性,可以设计多套图片,每套的文件名前再加序号代表所在的图片序列,比如第一套为 1-0. JPG~1-8. JPG,第二套为 2-0. JPG~2-8. JPG,…在程序加载时编程随机加载其中一套图片,进行不同图片的拼图游戏,试编程实现。

(2) 在任务中加入相关代码,记录图片拖放的次数以及游戏进行的时间,用于计分。

项目小结

目前 CPU 的处理能力已不是制约计算机应用和发展的障碍,最关键的制约因素是人机交互技术(Human Computer Interaction,HCI)。人机交互是研究人、计算机以及它们之间相互影响的技术,是人与计算机之间传递、交换信息的媒介和对话接口。科幻电影《阿凡达》中甚至幻想人能通过计算机交互系统远程控制另一个生物。

人机交互技术是和计算机的发展相辅相成的,一方面,计算机速度的提高使人机交互技术的实现变为可能;另一方面,人机交互对计算机的发展起着引领作用。正是人机交互技术造就了辉煌的个人计算机时代(20 世纪八九十年代),鼠标、图形界面对 PC 的发展

起到了巨大的促进作用。

在 Windows 的开发历史中，拖放操作作为重要的人机交互操作使得 Windows 操作系统为大众所喜欢，现在支持鼠标拖放的 Windows 应用程序随处可见。通过拖放操作，可以方便地进行数据传递，甚至可以在 Windows 应用程序之间进行，极大地方便了用户的操作。近几年苹果公司又推出了多点触控功能，使得计算机的人机交互达到了一个新境界。

项目7 简单成绩管理系统编程

项目目的

通过该项目的实训，要求学生熟悉文件操作的基本方法，了解常用的文件读/写方法，掌握主要的相关语句；熟悉文件打印的基本操作；要求学生熟练掌握动态数组的概念和使用方法。

项目要求

基本要求：利用VB操作顺序文件的方法，开发一个简单的成绩管理系统，实现对学生成绩信息的添加、查询、删除等功能。

拓展要求：利用随机文件的特点，修改成绩管理系统，使得访问和修改记录变得相对容易；为成绩管理系统添加模拟打印、分页打印功能。

任务7.1 必备知识与理论

【任务目标】

1. 学习VB目录和文件操作方法。
2. 掌握文件操作相关语句。
3. 熟悉顺序文件、随机文件、二进制文件的区别，掌握其读/写方法。
4. 学习VB打印相关语句，掌握其编程方法。
5. 理解管理信息系统开发的基础知识。

7.1.1 目录和文件操作语句

在VB中，可以使用目录和文件操作语句很方便地对文件及文件夹进行操作，常用的目录和文件操作语句如下。

(1) 建立文件夹语句

建立文件夹语句的格式为：

```
MkDir [路径]文件夹名
```

(2) 改变当前文件夹语句

改变当前文件夹语句的格式为：

ChDir 路径

(3) 删除文件夹语句

删除文件夹语句的格式为：

RmDir [路径]文件夹名

(4) 删除文件语句

删除文件语句的格式为：

Kill　[路径]文件名

(5) 复制文件语句

复制文件语句的格式为：

FileCopy [路径1]源文件 [,[路径2]目标文件]

(6) 文件的改名和移动语句

文件的改名和移动语句的格式为：

Name 原文件名 As 新文件名

7.1.2　传统的I/O语句和函数

1. 顺序文件的操作

顺序文件即普通的文本文件，其数据均以ASCII码字符形式存储。顺序文件中的数据是顺序存放的，长度是不定的，并顺序排列，中间以分界符隔开，通常分界符为回车符。

顺序文件的特点是文件中的各数据记录的写入顺序、存放顺序和读出顺序三者是一致的，在读取某个数据记录时必须从第一条记录开始逐条读取，直到找到需要的数据记录为止；添加数据记录也只能在文件的尾部追加；要实现文件记录的插入是比较困难的。

(1) 顺序文件的打开

在对顺序文件操作时，首先要打开顺序文件。打开顺序文件的语句格式如下：

Open ＜文件名＞ FOR [Input | Output | Append] AS [#]＜文件号＞

说明：

① ＜文件名＞：可以包含路径，默认为当前目录。

② Input：以只读方式打开。当文件不存在时出错。

③ Output：以写方式打开。如果文件不存在，则创建一个新文件；如果文件已经存在，则删除源数据。

④ Append：以添加方式打开。如果文件不存在，就创建一个新的文件；如果文件已经存在，写数据时从文件尾添加。

⑤ ＜文件号＞：1～511之间的整数。

(2) 文件的关闭

对文件的操作完成之后，应该关闭文件，防止数据丢失，关闭文件的语句格式如下：

Close [＜文件号列表＞]

说明：＜文件号列表＞省略时关闭所有打开的文件。

(3) 顺序文件的写操作

在用 Output 或 Append 方式打开顺序文件后，可以使用 Print＃语句或 Write＃语句向文件中写入数据。

① Print＃语句。Print＃语句的格式如下：

Print ＃＜文件号＞，[＜输出列表＞]

说明：文件号为以写方式打开文件的文件号；输出列表为用逗号或分号分隔的变量、常量、空格和定位函数序列。用逗号分隔时，采用分区格式输出(14 个字符为一个区)；用分号分隔时，采用紧凑格式输出。Print＃语句输出列表中的所有项将在一行内输出，输出后将自动换行。

例如，用"Print ＃1,"001", "张三",87, 92"语句生成的数据：

001　　　　　张三　　　　　87　　　　　92

用"Print ＃1, "001";"张三";87; 92"语句生成的数据：

001　张三　87　92

② Write＃语句。Write＃语句的格式如下：

Write ＃＜文件号＞，[＜输出列表＞]

说明：输出列表中各项之间要用逗号分开；输出列表的每一项可以是常量、变量或表达式；写到文件中的各数据间自动插入逗号，字符串自动加上双引号；所有数据写完后，在最后加入一个回车换行符；不含输出列表时，将在文件中写入一空行。

例如，用"Write ＃1, "001","张三", 87, 92"语句生成的数据：

"001","张三",87,92

(4) 顺序文件的读操作

在用 Input 方式打开顺序文件后，可以使用 Input＃ 语句、Line Input＃ 语句和 Input( ) 函数将文件中的内容读入程序变量中。

① Input＃语句。Input＃语句的格式为：

Input ＃＜文件号＞，＜变量列表＞

说明：从文件中读取数据，按顺序给变量列表中的变量赋值，常用于读取 Write 语句生成的文件数据。每读完一条记录，记录指针就向后移动一条记录。

② Line Input＃ 语句。Line Input＃ 语句的格式为：

Line Input ＃＜文件号＞，＜字符串变量名＞

说明：从文件中读取一行数据，作为字符串存放在指定的字符串变量中。

（5）几个常用的函数

① Input( )函数。Input( )的格式为：

```
Input(整数,[#] <文件号>)
```

说明：从指定文件的当前位置读取指定个数的字符，并赋给变量。

② EOF( )函数。EOF( )用于确定在读文件过程中是否到了文件尾，如果到了文件尾，则返回值为 True；否则返回值为 False。其格式为：

```
EOF(文件号)
```

③ LOF( )函数。LOF( )以字节方式返回被打开文件的大小，其格式为：

```
LOF(文件号)
```

2. 随机文件、二进制文件的操作

随机文件中记录的长度都是固定的，每一个记录都有一个记录号，在存取数据时，只需要指明是第几条记录，即可以完成相应的存取操作。

随机文件的特点是存入和读取数据的速度较顺序文件快，数据容易更新。

二进制文件的数据以二进制方式存储，存储单位是字节。在读/写文件时，只要指定了读/写的位置，并给出读/写变量，就可以根据变量的长度，在指定的文件位置进行读/写操作，而且读/写操作可以同时进行。

（1）自定义数据类型

由于随机文件中数据的存取都是以记录为单位，记录的长度是固定的，所以在操作随机文件时，需要先定义记录的数据结构，可以使用 Type 语句实现。自定义数据类型 Type 语句的语法格式为：

```
[Private|Public] Type <自定义类型名>
    <元素名>[(下标)] As <类型>
    [<元素名>[(下标)] As <类型>]
                ...
End Type
```

（2）随机文件的操作

① 随机文件的打开和关闭。和顺序文件一样，在对一个随机文件进行操作时，首先要用 Open 语句打开文件，在所有操作完成以后，同样用 Close 语句关闭文件。随机文件一经打开，读/写操作可以同时进行。打开随机文件的 Open 语句格式为：

```
Open <文件名> [ For Random ] As # <文件号>  [ Len = <记录长度>]
```

说明：a. For Random：表示打开随机文件，可以省略。

b. <记录长度>：各字段的长度总和。

关闭随机文件的 Close 语句和顺序文件一致。

② 随机文件的写操作。对随机文件的写操作是用 Put # 语句实现的，其格式为：

Put #<文件号>,<记录号>,<变量名>

说明：a. 该语句将一个变量的数据写入随机文件指定的记录(记录号)中去。

b. <记录号>：若文件中已有此记录,则该记录将被新数据覆盖；若文件中无此记录,则在文件中添加一条新记录。如果省略<记录号>,则写入数据的记录号为上次读或写记录的记录号加1。

c. <变量名>：通常是一个自定义类型的变量,也可以是其他类型的变量。

③ 随机文件的读操作。对随机文件的读操作是用Get#语句实现的,其格式为：

Get #<文件号>,<记录号>,<变量名>

说明：将一个已打开的随机文件的指定记录(记录号)读入一个变量中去。

(3) 二进制文件的操作

① 二进制文件的打开和关闭。打开一个二进制文件同样要使用Open语句,其格式为：

Open <文件名>　For Binary　As #<文件号>

关闭二进制文件的Close语句和顺序文件一致。

② 二进制文件的写操作。对二进制文件的写操作同样是用Put#语句实现的,其格式为：

Put #<文件号>,[<位置>],<变量名>

说明：a. 该语句将一个变量的内容写入指定的位置。

b. <位置>：可选参数,按字节计数的写入位置,文件开头处为第一个字节,如果省略该参数,则文件指针从开始到文件尾顺序移动,写入的字节数等于变量的长度。

c. 二进制文件的读操作。对二进制文件的读操作同样是用Get#语句实现的,其格式为：

Get #<文件号>,[<位置>],<变量名>

说明：从文件指定位置开始,将数据读入一个变量中,读出的字节数等于变量的长度。

编程技巧：顺序文件将数据按顺序存放在文件中,节省磁盘空间,通常用于文本文件和少量数据文件的存取。由于顺序文件结构条件的限制,修改和删除顺序文件记录时,操作相当不方便,因此不便于进行大量记录数据的存储。随机文件因为每个记录长度相同,因此可以很方便找到所需要的记录位置,便于修改和删除记录,可用于大数据量的文件存储,但由于记录文件中容易产生空闲空间,而占用较大的磁盘空间。二进制文件的读/写单位可以从单个字节直到很大的数据段,适合用于不特定的数据文件读/写,如多媒体数据流文件等,同样在文件中数据修改和删除时相当不便。编程人员在使用中应根据数据性质和保存需要,选择适合的文件类型进行数据存储。

3. 打印输出

(1) 使用PrintForm方法打印

PrintForm方法可以将指定的窗体内容传送到打印机。PrintForm方法是专门针对窗体的,若要用 PrintForm 方法打印应用程序中的数据,就需要先将该数据显示在窗体上,然后再用 PrintForm 方法打印窗体。

使用 PrintForm 方法的语法如下:

```
[窗体名.] PrintForm
```

其中,如果省略窗体名称,则打印当前窗体。PrintForm 方法打印的是窗体的全部内容,即使窗体的某部分在屏幕上看不到,也会被打印出来。如果不希望打印窗体上的某个控件,可以在打印窗体之前将其 Visible 属性设置为 False;如果窗体中包含图形,则只有当 AutoReDraw 属性设置为 True 时,才能将图形打印出来。

PrintForm 方法是打印数据时一种最简便的方法,其不足是打印分辨率会受到限制,因为 PrintForm 方法是按照用户屏幕的分辨率传送信息到打印机的。

(2) 使用 Printer 对象打印

Printer 对象是一个与设备无关的图片空间,支持用 Print、Pset、Line、Circle 和 PaintPicture 方法来创建文本与图形。但只有在窗体或图片框中,才能将这些方法用于 Printer 对象。

对于各种不同的打印机,Printer 对象提供了相对较好的打印质量,因为通过 Printer 对象,Windows 操作系统将文本或图形与打印机的分辨率及功能进行了优化配置。

Printer 对象常用的属性和方法如下。

① Font 属性。Font 属性本身是对象,设置与字体有关的所有内容。对于 Printer 对象而言,可以用 Font 属性对象所对应的属性来设置要打印的文本字体特征,比如说字体名、字体大小、粗体、斜体、下划线或删除线等。

② Print 方法。用于在打印机上输出打印的文本,其用法和窗体的 Print 方法一致。

③ NewPage 方法。开始以新的一页打印。

④ EndDoc 方法。告诉 Printer 对象所有数据已被发送,实际的打印操作可以开始。

⑤ KillDoc 方法。结束当前的打印作业,需要注意的是 KillDoc 方法不能中止已实际打印的作业,只能中止处于等待队列中没有实际打印的作业。

【任务作业】

(1) 在使用随机文件时,如果文件中有一个记录被删除,在这个记录位置会产生一个记录长度的空记录,思考怎样对这样的文件进行压缩,清除文件中所有的空记录,保证文件空间占用的有效性?写出解决方案。

编程技巧:在软件编程中,经常会用到临时文件、备份文件。当需要对原记录文件进行数据处理时,可以将其中的有效数据逐个"复制"到临时文件中,待数据处理完毕,将源文件改名为备份文件(.bak),复制临时文件为源文件名,完成文件操作。这样的优点便于文件修改失败后的数据恢复,有一定的安全性。任务作业(1)可以参照实现。

(2) 编程使用二进制文件操作语句,实现任何文件的复制功能。

编程技巧:采用二进制进行文件复制的基本方法,就是打开源文件和目的文件,采用字节型变量逐字节从源文件读取数据,保存到目的文件中。

但这样的方法有个缺点:由于读/写过程是单字节进行的,因此需要不断地访问磁盘,导致过程缓慢,实用性较差。改进的方法是定义一个字节型动态数组,重定义成一定的长度,例如 1 024 个字节,在源文件待复制的数据超过 1 024 字节时,每次读/写这个长度;当待读/写数据小于 1 024 字节时,重定义数组的长度为剩余字节数,将剩余的数据一次性读/写完毕。这样的方法将大大提高文件复制速度,可以尝试改变 1 024 字节的大小,找出最佳数组长度。

任务 7.2 简单成绩管理系统软件设计

【任务目标】

1. 学习使用顺序文件进行学生成绩的存储和处理。
2. 要求掌握顺序文件相关操作语句和方法。
3. 要求熟练掌握动态数组的应用。
4. 理解顺序文件中记录删除和修改的编程设计技巧。

1. 任务情景描述

设计制作一个简单的成绩管理系统,可以进行学生成绩的录入、查询、修改和删除操作,要求采用顺序文件进行成绩的储存。另外要求分窗口进行相关操作,还能显示文件内所有记录。

"简单成绩管理系统"程序初始化运行后的窗口如图 7-1 所示,在 6 个文本框中可以输入学生的学号、姓名和 4 门课成绩。

输入完文字后,单击右侧的"录入"按钮,可以把该生的成绩保存到一个名称为 score.txt 的顺序文件中;如果单击"清除"按钮,则清空录入的数据;如果单击"查询"按钮,则打开"学生成绩查询"窗口,可以用来查询、修改和删除指定学号的学生成绩记录,如图 7-2 所示;单击"全部显示"按钮,则打开"学生成绩"窗口,用来显示全部学生的成绩信息,如图 7-3 所示;单击"关闭"按钮,退出程序。

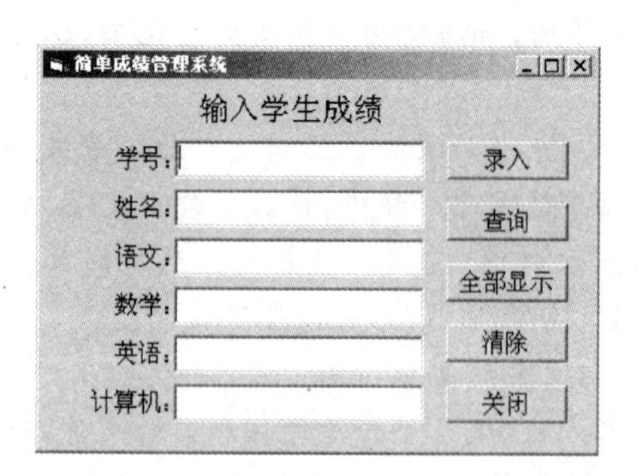

图 7-1 "简单成绩管理系统"程序初始化运行窗口

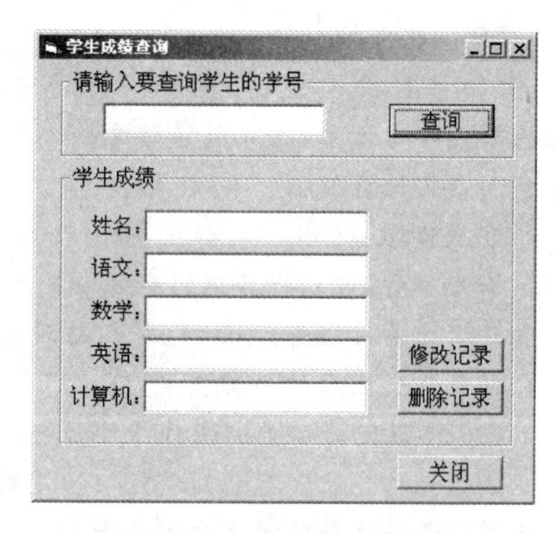

图 7-2 "学生成绩查询"窗口

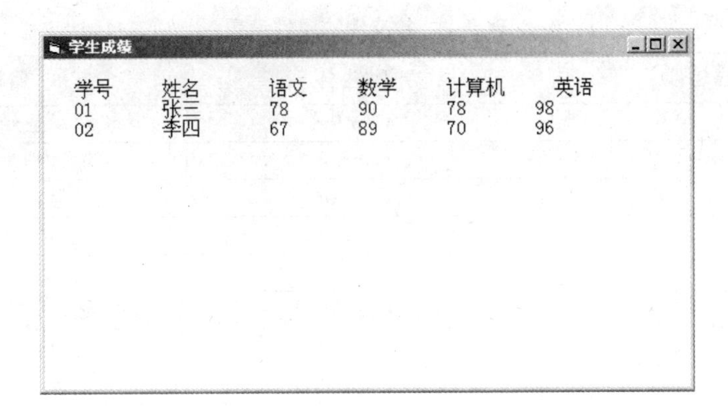

图 7-3 “学生成绩”窗口

2. 设计思路

利用传统 I/O 语句对文件进行操作的方法，把输入的数据信息保存到一个顺序文件中，实现对学生成绩信息的添加功能；由于顺序文件中数据是顺序存放，在读取某个数据记录时必须要从第一个记录开始逐条读取，直到找到需要的数据记录为止。因此，为了操作方便，把顺序文件中的数据全部读出到一个动态数组中，通过这个动态数组实现对学生成绩信息的查询、修改、删除等功能。

在程序中对文件的操作，通常按 3 个步骤进行。

3. 实训内容

(1) 进入 VB 后，新建一个“标准 EXE”项目。

(2) 在窗体上添加 7 个标签控件、6 个文本框控件和 5 个命令按钮控件，窗口如图 7-4 所示。

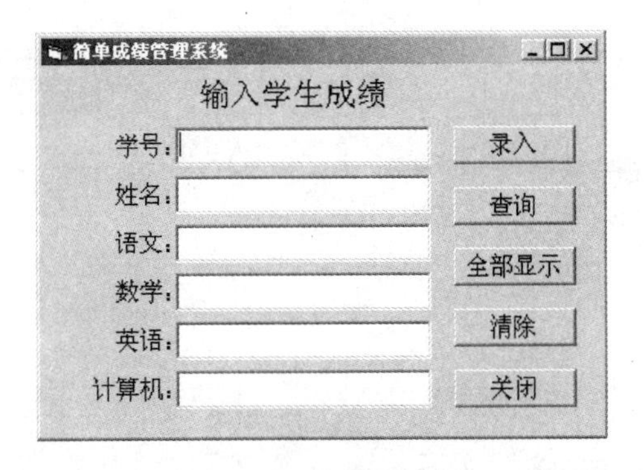

图 7-4 “简单成绩管理系统”窗口设计

(3) 修改相关的控件属性，见表 7-1。

表 7-1　各控件的属性设置

对象或控件	属性名	属性值
Form1	Caption	简单成绩管理系统
Label1	Caption	输入学生成绩
Label2	Caption	学号：
Label3	Caption	姓名：
Label4	Caption	语文：
Label5	Caption	数学：
Label6	Caption	英语：
Label7	Caption	计算机：
Text1 ～ Text7	Text	
Command1	Caption	录入
Command2	Caption	查询
Command3	Caption	全部显示
Command4	Caption	清除
Command5	Caption	关闭

(4) 输入相关事件的代码。

```
Private Sub Command1_Click()    '"录入"按钮
  '判断学号和姓名是否输入,如没有输入,不能将数据存放到顺序文件中
  If Text1.Text = "" Or Text2.Text = "" Then
     MsgBox "请输入学号和姓名!", vbOKOnly, "警告"
     Exit Sub
  End If
  '用追加记录的方式打开顺序文件
  Open  App.Path & "\score.txt" For Append As #1
  '将文本框中的内容添加到顺序文件中
  Write #1, Text1.Text, Text2.Text, Val(Text3.Text), _
  Val(Text4.Text), Val(Text5.Text), Val(Text6.Text)
  '将文本框中的内容清空
  Text1.Text = ""
  Text2.Text = ""
  Text3.Text = ""
  Text4.Text = ""
  Text5.Text = ""
  Text6.Text = ""
  Text1.SetFocus
  '关闭顺序文件
  Close #1
End Sub

Private Sub Command2_Click()    '"查询"按钮
  Unload Me
  Form2.Show
End Sub
```

```
Private Sub Command3_Click()    '"全部显示"按钮
   Unload Me
   Form3.Show
End Sub

Private Sub Command4_Click()    '"清除"按钮
   Text1.Text = ""
   Text2.Text = ""
   Text3.Text = ""
   Text4.Text = ""
   Text5.Text = ""
   Text6.Text = ""
End Sub

Private Sub Command5_Click()    '"关闭"按钮
   Unload Me
End Sub
```

(5) 选择“工程”→“添加窗体”命令，添加一个新的窗体 Form2，用它来实现学生成绩查询、修改和删除的功能，在窗体上添加两个框架控件、6 个文本框控件、5 个标签控件和 4 个命令按钮，窗口如图 7-5 所示。

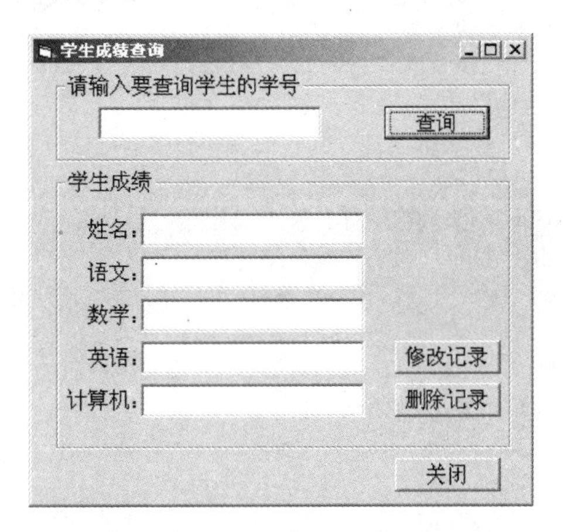

图 7-5 “学生成绩查询”窗口设计

(6) 修改相关的控件属性，见表 7-2。

表 7-2 各控件的属性设置

对象或控件	属性名	属性值
Form2	Caption	学生成绩查询
Frame1	Caption	请输入要查询学生的学号
Frame2	Caption	学生成绩
Label1	Caption	姓名:
Label2	Caption	语文:
Label3	Caption	数学:

续表

对象或控件	属性名	属性值
Label4	Caption	英语：
Label5	Caption	计算机：
Text1 ～ Text7	Text	
Command1	Caption	查询
Command2	Caption	修改记录
Command3	Caption	删除记录
Command4	Caption	关闭

(7) 输入相关事件的代码：

```
Option Base 1                 '数组下标从 1 开始
Dim a() As String             '定义一个动态数组 a,用来存放从顺序文件中读出的每一条记
                              '录的内容
Private Sub Form_Load()       '窗体加载事件,用来把顺序文件中的数据预先存放到动
                              '态数组 a 中
  Dim x ,I as Integer
  Open App.Path & "\score.txt" For Input As #1    '用读方式打开顺序文件
  i = 0                       'i 表示记录的条数,采用从第一条记录读到记录尾的方式来计算
                              '记录数
  Do While Not EOF(1)
     Line Input #1, x
     i = i + 1
  Loop
  ReDim a(i, 6) As String '重新定义动态数组的维数
  Close #1
  Open App.Path & "\score.txt" For Input As #1   '用读方式打开顺序文件
  i = 1
  Do While Not EOF(1)
     '把每条记录的内容读入动态数组中
     Input #1, a(i, 1), a(i, 2), a(i, 3), a(i, 4), a(i, 5), a(i, 6)
     i = i + 1
  Loop
  Close #1
End Sub

Private Sub Command1_Click()       '"查询"按钮
  Dim i As Integer
  For i = LBound(a) To UBound(a)
      If a(i, 1) = Text1.Text Then
          Text2.Text = a(i, 2)
          Text3.Text = a(i, 3)
          Text4.Text = a(i, 4)
          Text5.Text = a(i, 5)
          Text6.Text = a(i, 6)
          Exit Sub
      End If
```

```
    Next i
    MsgBox "没有满足条件的记录!", vbOKOnly, "提示"
    Text1.Text = ""
    Text2.Text = ""
    Text3.Text = ""
    Text4.Text = ""
    Text5.Text = ""
    Text6.Text = ""
End Sub

Private Sub Command2_Click()   '"修改记录"按钮
    Dim i As Integer
    Open App.Path & "\score.txt" For Output As #1   '以写方式打开顺序文件
    '修改动态数组 a 中对应的记录,然后把每一条记录重新写入顺序文件中
    For i = LBound(a) To UBound(a)
        If a(i, 1) = Text1.Text Then
            a(i, 2) = Text2.Text
            a(i, 3) = Val(Text3.Text)
            a(i, 4) = Val(Text4.Text)
            a(i, 5) = Val(Text5.Text)
            a(i, 6) = Val(Text6.Text)
        End If
        Write #1, a(i, 1), a(i, 2), a(i, 3), a(i, 4), a(i, 5), a(i, 6)
    Next i
    Close #1
End Sub

Private Sub Command3_Click()    '"删除记录"按钮
    Dim i As Integer
    Open App.Path & "\score.txt" For Output As #1   '以写方式打开顺序文件
    '除了要删除的记录,把动态数组 a 中的每一条记录重新写入顺序文件中
    For i = LBound(a) To UBound(a)
        If a(i, 1) <> Text1.Text Then
            Write #1, a(i, 1), a(i, 2), a(i, 3), a(i, 4), a(i, 5), a(i, 6)
        End If
    Next i
    Close #1
    Text1.Text = ""
    Text2.Text = ""
    Text3.Text = ""
    Text4.Text = ""
    Text5.Text = ""
    Text6.Text = ""
    Call Form_Load
End Sub

Private Sub Command4_Click()    '"关闭"按钮
    Unload Me
    Form1.Show
```

```
End Sub
```

(8) 选择"工程"→"添加窗体"命令,添加一个新的窗体 Form3,用它来实现显示全部学生成绩的功能,在窗体上添加一个标签控件,窗口设计如图 7-6 所示。

图 7-6 "学生成绩"窗口设计

(9) 修改相关的控件属性,见表 7-3 所示。

表 7-3 各控件的属性设置

对象或控件	属性名	属性值
Form2	Caption	学生成绩
Label1	AutoSize	True

(10) 输入相关事件的代码。

```
Private Sub Form_Click()    '窗体单击事件,当单击窗体时,关闭本窗体
  Unload Me
  Form1.Show
End Sub

Private Sub Form_Load()     '窗体加载事件,在加载窗体时,把所有学生的成绩信息
                            '显示到窗体上
  Dim a(1 To 6) As String
  Dim i As Integer
  Open App.Path & "\score.txt" For Input As #1  '以读方式打开顺序文件
  Label1.Caption = "学号     姓名       语文      数学      计算机    英语" _
                    & vbCrLf
  Do While Not EOF(1)
     '读出每一条记录,在标签上显示出来
     Input #1, a(1), a(2), a(3), a(4), a(5), a(6)
     For i = 1 To 6
        Label1.Caption = Label1.Caption & a(i) & Space(7)
     Next i
     Label1.Caption = Label1.Caption & vbCrLf
  Loop
  Close #1
End Sub
```

(11) 试运行。运行“简单成绩管理系统”程序,在“简单成绩管理系统”窗口的 6 个文本框中输入学生的学号、姓名和 4 门课成绩。然后单击“录入”按钮,将该生的成绩保存到顺序文件中;单击“查询”按钮,打开“学生成绩查询”窗口;在“学生成绩查询”窗口中,进行学生成绩的查询、修改和删除操作;单击“简单成绩管理系统”窗口中的“全部显示”按钮,则打开“学生成绩”窗口,显示全部学生的成绩信息。

【任务作业】

(1) 任务 7.2 程序中文本框若采用控件数组,可以使得程序更加简捷,进行修改。

(2) 如果不采用数组,若可以通过顺序文件的读操作进行记录的对比,用于记录查询,也可以通过将顺序文件中准备保留的数据存放到另一临时文件,绕过待删除的记录不另存,删除源文件,将临时文件改名成源文件而实现数据的删除。按这个设计思路,完成程序的修改。

任务 7.3　采用随机文件的学生成绩管理系统编程设计

【任务目标】

1. 学习使用随机文件进行学生成绩的存储和处理。
2. 掌握随机文件相关操作语句和方法。
3. 熟练掌握动态数组的应用。
4. 理解顺序文件中记录删除和修改的编程设计技巧。

1. 任务情景描述

采用顺序文件不便于大数据量的数据操作,尤其不便于数据记录的随机浏览,不适于实际应用。

本任务将采用随机文件记录学生的成绩数据,取消任务 7.2 中用于暂存记录内容的动态数组,直接从数据文件中读取任意记录,实现成绩管理。

2. 设计思路

由于顺序文件中的各数据记录的写入顺序、存放顺序和读出顺序三者是一致的,在读取每一条记录时必须从第一条记录开始逐条读取,直到找到需要的数据记录为止,因此在实现记录的查询、修改和删除功能时可以借助一个动态数组来实现。对于随机文件而言,每一条记录都有一个记录号,在读/写数据时,只需要指出记录号,就可以直接对该记录进行读/写操作。

因此,本任务中将把学生成绩的相关数据信息存放到一个随机文件中,采用 VB 操作随机文件的方法,实现记录的添加、删除、修改、查询等功能。

3. 实训内容

修改任务 7.2 里面的部分代码,将学生的成绩保存到一个名称为 score.dat 的随机文件中。由于随机文件中数据的存取是以记录为单位的，所以需要先定义一个名称为 Student 的自定义数据类型。

(1) 选择"工程"→"添加模块"命令，添加一个新的模块 Module1，在 Module1 模块中定义 Student 记录的数据结构，代码如下。

```
Type Student
     number As String
     name As String
     score1 As Integer
     score2 As Integer
     score3 As Integer
     score4 As Integer
End Type
```

(2) 其余窗口和任务 7.2 中一致，相关代码修改如下。

① 修改"简单成绩管理系统"窗口里面的"录入"按钮的代码，其余代码不变。

```
Private Sub Command1_Click()    '"录入"按钮
  Dim stu As Student, i As Integer
  If Text1.Text = "" Or Text2.Text = "" Then
     MsgBox "请输入学号和姓名!", vbOKOnly, "警告"
     Exit Sub
  End If
  '打开一个随机文件
  Open App.Path & "\score.dat" For Random As #1
  '计算随机文件中的记录数
  i = 1
  Do While Not EOF(1)
     Get #1, i, stu
     '因为产生一个新的随机文件时，会产生一条空白记录，所以需要判断
     '现在读取的这条记录是否是空白记录，如果是，应该添加第一条记录
     If stu.name = "" Then
        i = 1
     Else
        i = i + 1
     End If
  Loop
  stu.number = Text1.Text
  stu.name = Text2.Text
  stu.score1 = Val(Text3.Text)
  stu.score2 = Val(Text4.Text)
  stu.score3 = Val(Text5.Text)
  stu.score4 = Val(Text6.Text)
  '写入一条记录到随机文件中
  Put #1, i + 1, stu
  Text1.Text = ""
  Text2.Text = ""
  Text3.Text = ""
  Text4.Text = ""
```

```
    Text5.Text = ""
    Text6.Text = ""
    Text1.SetFocus
    '关闭随机文件
    Close #1
End Sub
```

② 修改“学生成绩查询”窗口的“查询”、“修改记录”和“删除记录”按钮的代码，删除窗体加载(Form_Load())事件的代码，其余代码不变。

```
Dim num As Integer                '变量 num 用来存放查询到的记录号
Private Sub Command1_Click()      '“查询”按钮
    Dim i As Integer, stu As Student
    num = 0
    '打开一个随机文件
    Open App.Path & "\score.dat" For Random As #1
    i = 1
    Do While Not EOF(1)
        '从随机文件中读取一条记录
        Get #1, i, stu
        If stu.number = Text1.Text Then
            Text2.Text = stu.name
            Text3.Text = stu.score1
            Text4.Text = stu.score2
            Text5.Text = stu.score3
            Text6.Text = stu.score4
            num = i
            Close #1
            Exit Sub
        End If
        i = i + 1
    Loop
    '关闭随机文件
    Close #1
    MsgBox "没有满足条件的记录!", vbOKOnly, "提示"
    Text1.Text = ""
    Text2.Text = ""
    Text3.Text = ""
    Text4.Text = ""
    Text5.Text = ""
    Text6.Text = ""
End Sub

Private Sub Command2_Click()     '“修改记录”按钮
    Dim stu As Student
    Open App.Path & "\score.dat" For Random As #1
    stu.number = Text1.Text
    stu.name = Text2.Text
    stu.score1 = Text3.Text
    stu.score2 = Text4.Text
```

```
    stu.score3 = Text5.Text
    stu.score4 = Text6.Text
    Put #1, num, stu
    Close #1
End Sub

Private Sub Command3_Click()    '"删除记录"按钮
    Dim stu As Student, i As Integer
    '在实现记录的删除时,把除了要删除的记录以外的所有记录写入另外一个随机文件中,然后
    '把原有随机文件删除
    Open App.Path & "\score.dat" For Random As #1
    Open App.Path & "\score1.tmp" For Random As #2
    i = 1
    j = 1
    Do While Not EOF(1)
        If i <> num Then
            Get #1, i, stu
            Put #2, j, stu
            i = i + 1
            j = j + 1
        Else
            i = i + 1
        End If
    Loop
    Close
    '删除原有的随机文件
    Kill App.Path & "\score.dat"
    '将新的随机文件重命名
    Name App.Path & "\score1.tmp" As App.Path & "\score.dat"
    num = 0
    Text1.Text = ""
    Text2.Text = ""
    Text3.Text = ""
    Text4.Text = ""
    Text5.Text = ""
    Text6.Text = ""
End Sub
```

③ 修改"学生成绩"窗口的窗体加载(Form_Load())事件代码,其余代码不变。

```
Private Sub Form_Load()
    Dim stu As Student, i As Integer
    Label1.Caption = "学号      姓名        语文      数学      计算机    英语" _
    & vbCrLf
    Open App.Path & "\score.dat" For Random As #1
    i = 1
    Do While Not EOF(1)
        Get #1, i, stu
        Label1.Caption = Label1.Caption & stu.number & Space(7)
        Label1.Caption = Label1.Caption & stu.name & Space(7)
```

```
        Label1.Caption = Label1.Caption & stu.score1 & Space(7)
        Label1.Caption = Label1.Caption & stu.score2 & Space(7)
        Label1.Caption = Label1.Caption & stu.score3 & Space(7)
        Label1.Caption = Label1.Caption & stu.score4 & Space(7)
        Label1.Caption = Label1.Caption & vbCrLf
        i = i + 1
    Loop
    Close #1
End Sub
```

代码输入完成后，运行代码，可看到效果和任务7.2一致，只是现在数据信息是保存到了一个随机文件中。

【任务作业】

(1) 采用随机文件后，可以任意指定一个记录号对数据记录进行访问和显示，因此可以定义一个全局变量记录当前访问的记录号，通过加一或减一实现“上一个”、“下一个”的翻页显示。编程实现这一功能。

(2) 如果要计算各门课程的平均分和最高分、最低分，需要怎样修改？

任务7.4　学生成绩管理系统打印功能编程设计

【任务目标】

1. 为学生成绩管理系统添加打印功能。
2. 学习VB中打印的相关语句的使用方法。

1. 任务情景描述

管理信息系统中，经常需要将处理后的信息进行硬备份(打印)，通常是打印成一定的表格，以满足工作需要。

本任务将为学生成绩管理系统添加打印功能，用于打印处理中的成绩数据。

2. 设计思路

(1) 在“学生成绩”窗体模拟了打印预览的功能，但是并不能真正的打印学生成绩。可以使用PrintForm方法，将“学生成绩”窗体的内容传送到打印机，实现系统的打印功能。

在任务实训内容中，将修改“学生成绩”窗体的单击事件，使得在单击窗体时可打印窗体上对应的学生成绩数据。

(2) PrintForm方法是打印数据时一种最简单的方法，但是在打印数据时，存在两个不足：第一，打印分辨率会受到限制，原因在于PrintForm方法是按照用户屏幕的分辨率传送信息到打印机的，即使打印机有再高的分辨率也如此；第二，PrintForm方法打印数据时，是打印一个窗体的全部内容，当数据过多时，不能实现分页打印功能。

由于 PrintForm 方法的不足可以采用 Printer 对象来实现打印功能，通过 Printer 对象的 NewPage 方法，实现分页打印功能。

在任务实训内容中，修改"学生成绩"窗体的单击事件，使得在单击窗体时可打印所有的学生成绩数据。在打印数据时，每打印完 10 条记录后，就能换页打印。

3. 实训内容

(1) 利用 PrintForm 方法实现窗体打印

修改"学生成绩"窗体的单击事件，相关代码修改如下。

```
Private Sub Form_Click()
  PrintFrom
  MsgBox "打印完成!", vbOKOnly, "提示"
  Unload Me
  Form1.Show
End Sub
```

代码输入完成后，连接打印机，运行代码，可以看到打印机能打印出"学生成绩"窗口上的内容。

(2) 利用 Printer 对象实现分页打印

修改"学生成绩"窗体的单击事件，相关代码修改如下。

```
Private Sub Form_Click()
  Dim stu As Student, i As Integer, str As String
  Open App.Path & "\score1.txt" For Random As #1
  i = 0
  str = "学号    姓名      语文      数学      计算机    英语"
  Printer.FontName="宋体"      '设置打印字体
  Printer.FontSize=12          '设置打印字体大小
  Printer.Print str            '打印标题
  Do While Not EOF(1)
     Get #1, i, stu            '取出一条记录
     str=""
     str = str & stu.number & Space(7)
     str = str & stu.name & Space(7)
     str = str & stu.score1 & Space(7)
     str = str & stu.score2 & Space(7)
     str = str & stu.score3 & Space(7)
     str = str & stu.score4 & Space(7)
     Printer.Print str         '打印一条记录
     i = i + 1
     '每打印完 10 条记录后,换页打印
     if i Mod 10=0 Then
        Printer.NewPage        '换页
        str = "学号    姓名      语文      数学      计算机    英语"
        Printer.Print str
     End If
  Loop
```

```
    Printer.EndDoc
    Close #1
    MsgBox "打印完成!", vbOKOnly, "提示"
    Unload Me
    Form1.Show
End Sub
```

代码输入完成后，连接打印机，运行代码，可以看到打印机能打印出“学生成绩”窗口上的内容，而且每打印完 10 条记录后就能换页打印。

编程技巧： 当系统未装打印机时，Printer 打印方法会出错，因此在设计打印功能的时候，利用 Windows 硬件即插即用的特性，可以安装任意一款 Windows 兼容打印机，以免未装打印机出现程序运行错误。另外有一款 FinePrint 共享软件，能产生很好的打印预览效果，可以在进行打印设计时安装使用，FinePrint 安装后设置为默认打印机，利用 Windows 所见即所得的特性，用该软件的预览效果观看打印设计效果，避免纸张的浪费，FinePrint 预览效果如图 7-7 所示。

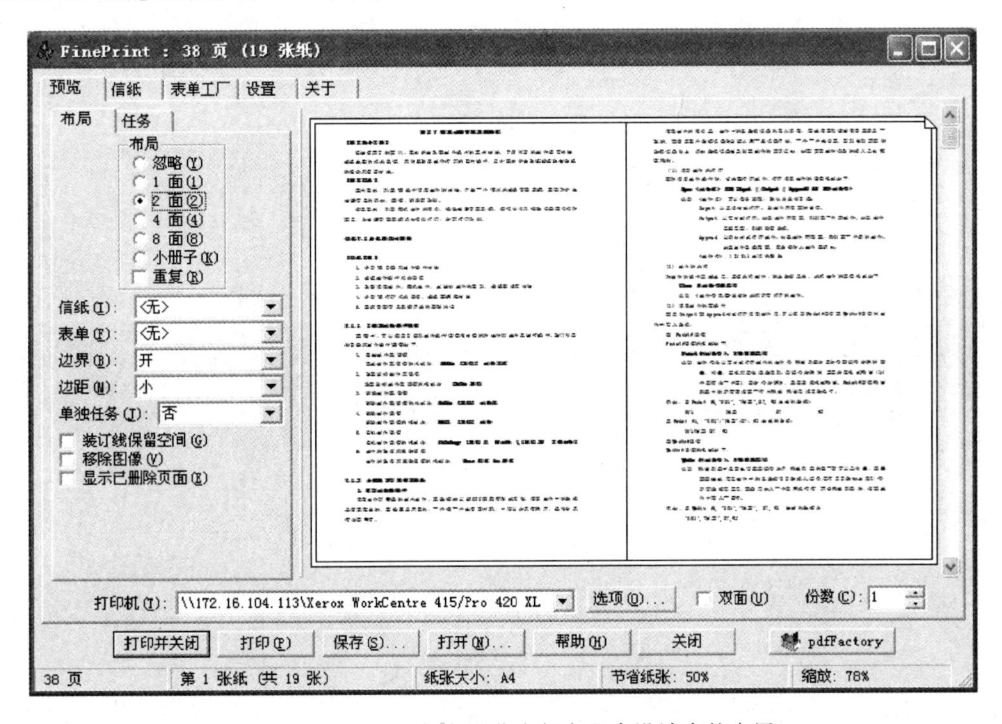

图 7-7　FinePrint 打印预览在打印程序设计中的应用

【任务作业】

(1) 为前面完成的任务，如文本编辑器等添加打印功能。

(2) 将任务中的 Printer 对象换成 PictureBox 对象后可以实现单页的打印预览(不支持换页命令)，尝试编程，实现单页打印预览。

项目小结

通过本项目，可以进一步熟悉动态数组的运用，了解顺序文件和随机文件的特点，掌握 VB 中与文件操作有关的语句、文件和目录操作语句与 Printer 对象的相关属性及方法。

本项目只实现了成绩管理系统的一些基本功能，很多细节没有考虑到，比如说当添加学生成绩信息时，如果对应学号的学生记录已经存在，是不允许添加记录的。对于一些细节上存在的问题，读者可以尝试自己修改代码。

打印是管理信息系统的重要功能之一，因篇幅限制，实训项目中没涉及打印机选择及页面设置等功能，这些功能在 VB 中都能很方便地得到支持，可以通过查询资料进一步学习。

项目 8　文字编辑软件编程制作

项目目的

通过该项目的实训，要求学生进一步掌握菜单的设计方法和菜单数组的运用；熟练掌握 Windows 剪贴板的编程；掌握 Windows 应用程序工具栏的设计和编程；初步掌握 RichTextBox 控件的使用方法及相关属性、事件、方法的编程。

项目要求

基本要求：开发一个文字编辑软件，要求实现类似记事本的功能，能保存和打开文本文件，能设置反选文字的字体名称、字体颜色、字体大小和字体的效果，能进行复制、剪切和粘贴，能设置字体的对齐方式。

拓展要求：给文字编辑软件增加一个工具栏和状态栏，实现查找、替换功能和 RTF 文件的存储。

任务 8.1　必备知识与理论

【任务目标】

1. 掌握 RichTextBox 控件的应用方法，学习相关的属性、事件和方法。

2. 学习工具栏控件、状态栏控件和图像列表控件的相关知识，掌握它们的设计应用方法及编程技巧。

8.1.1　RichTextBox 控件

1. RTF 文件概念

RTF(Rich Text Format，富文本格式)是一种可以在不同操作系统下、不同应用软件之间进行文本和图像信息交换的文件格式。RTF 文件是一种类似 DOC 格式(Word 文档)的文件，有很好的兼容性，许多软件都能够识别 RTF 格式的文件，如说 Word、Excel 等。

2. RichTextBox 控件常用的属性和方法

RichTextBox 控件是一个能显示 RTF 格式文件的文本框，支持多种字体和颜色、左右边界、符号列表等。

(1) 控件添加方法

选择"工程"→"部件"命令，打开"部件"对话框，在该对话框中，选择"控件"选项卡，在控件列表框中选中 Microsoft Rich Textbox Control 6.0 复选框，单击"确定"按钮，将 RichTextBox 控件 添加到工具箱中。

(2) 常用属性

① SelFontName 属性：设置或返回反选文本的字体名称。

② SelFontSize 属性：设置或返回反选文本的字体大小。

③ SelColor 属性：设置或返回反选文本的字体颜色。

④ SelBold 属性：设置或返回反选文本是否为粗体。

⑤ SelItalic 属性：设置或返回反选文本是否为斜体。

⑥ SelUnderLine 属性：设置或返回反选文本是否添加下划线。

⑦ SelStrikeThru 属性：设置或返回反选文本是否添加删除线。

⑧ SelAlignment 属性：设置或返回反选文本的对齐方式。默认值为 0 时，文本左对齐；值为 1 时，文本右对齐；值为 2 时，文本居中。

⑨ SelLength 属性：返回或设置所选择的字符数。它的值设置得比 0 小会导致运行错误。

⑩ SelStart 属性：返回或设置所选择文本的起始点，如果没有文本被选中，则指出插入点的位置。它的值设置得比文本长度大，会使该属性设置为现有文本长度。

⑪ SelText 属性：返回或设置包含当前所选择文本的字符串，如果没有字符被选中，则为空字符串。

(3) 常用方法

① LoadFile 方法：LoadFile 方法用来向 RichTextBox 控件加载一个.rtf 文件或文本文件，其格式为：

对象名.LoadFile ＜文件名＞[,＜文件类型＞]

说明：＜文件类型＞参数是一个整数，用来确定装入文件的类型。默认值为 0，此时被加载的文件必须是一个合法的.rtf 文件；值为 1 时，可以加载文本文件。

② SaveFile 方法。SaveFile 方法用来把 RichTextBox 控件中的内容保存到一个.rtf 文件或文本文件中，其格式为：

对象名.SaveFile ＜文件名＞[,＜文件类型＞]

说明：各参数的作用及要求和 LoadFile 方法一致。

③ Find 方法。Find 方法用来在 RichTextBox 控件查找字符串，其调用格式为：

位置＝对象名.Find(＜被查找的字符串＞[,＜起始字符位置＞[,＜终止字符位置＞][,＜选项特征＞]])

说明：如果查找成功，Find 方法会加亮显示找到的文本，并返回它的位置；如果失败，则返回－1。

a. ＜起始字符位置＞：搜索字符串的开始字符的位置(如果是 RichTextBox 控件中的第一个字符，其值为 0)，如果省略，从当前位置开始查找。

b. ＜终止字符位置＞：搜索字符串的结束字符的位置，如果省略，从起始字符位置开始查找，到文档尾部结束。

c. ＜选项特征＞：2-rtfWholeWord 确定匹配的是整个单词还是单词的一部分。4-trfMatchCase 确定匹配的字符是否使用大小写。8-rtfNoHighLight 确定匹配的字符是否加亮显示。可以使用 or 操作符组合这些条件。

8.1.2　图像列表控件、工具栏控件和状态栏控件

大部分 Windows 应用程序都具有工具栏和状态栏，在 VB 程序里可以使用工具栏控件和状态栏控件来制作适合自己应用程序的工具栏与状态栏，而工具栏控件里面所需要的图片一般是存放在图像列表控件里面，这 3 个控件的添加方法如下。

选择“工程”→“部件”命令，打开“部件”对话框，在对话框中，选择“控件”选项卡，在控件列表框中选中 Microsoft Windows Common Controls 6.0(SP6)复选框，单击“确定”按钮，将图像列表(ImageList)控件、工具栏(ToolBar)控件和状态栏(StatusBar)控件添加到工具箱中。

1. 图像列表控件

图像列表(ImageList)控件为其他 Windows 公共控件保管图像，可以把它视为一种图像仓库。它提供了单一的、一致的图像目录，用户可以不编写装载位图或图标的代码，而是一次性将用到的所有图像填充到 ImageList 控件中。在需要的时候设置 Key 属性的值，然后在代码中使用 Key 属性或 Index 属性引用所需的图片。

ImageList 控件使用时一般不编写代码，只需要在设计阶段，在其“属性页”对话框中加载上图片就可以，一般只需要设置图像的大小、加载图像，并设置对应图像的关键字(Key)或索引(Index)即可，如图 8-1 所示。

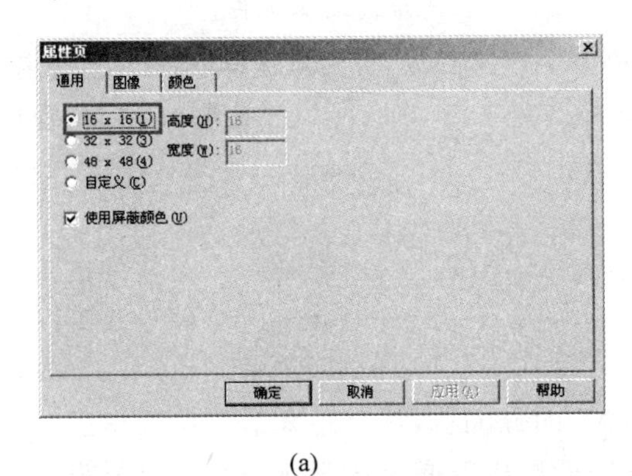

(a)

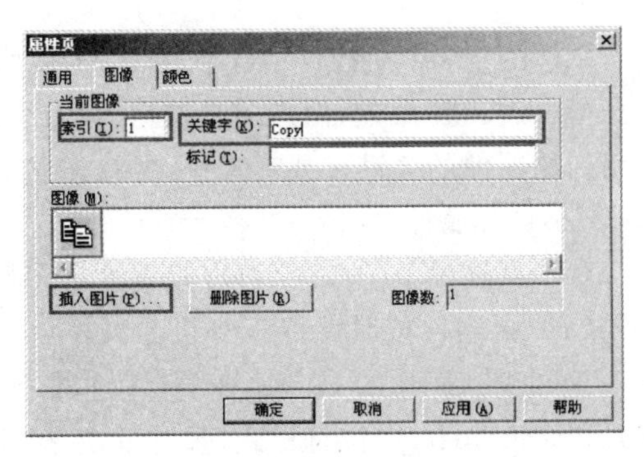

(b)

图 8-1　设置 ImageList 控件属性

2. 工具栏控件

大多数 Windows 应用程序都会有一个或几个工具栏，它使用户执行命令变得很简单。可以看出工具栏(Toolbar)控件是由多个 Button 对象构成，每一个 Button 对象可以是一个按钮、一个分隔符或放在工具栏上另外一个控件的位置标志(通常是文本框控件或者是组合框控件)。

创建工具栏的步骤如下。

(1) 在窗体上添加一个 Toolbar 控件和 ImageList 控件，并在 ImageList 控件中加载图片。

(2) 建立 ImageList 控件和 Toolbar 控件之间的关联。打开 Toolbar"属性页"对话框，在对话框的"通用"选项卡中，通过"图像列表"组合框将所需要的 ImageList 控件和 Toolbar 控件关联起来。此时，还可以设置 Toolbar 控件的样式(Style)，如图 8-2 所示。

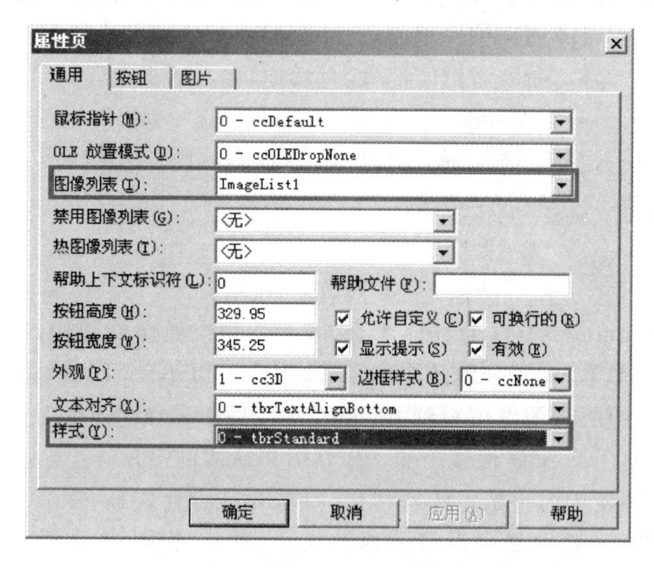

图 8-2 设置 Toolbar 属性(1)

(3) 在 Toolbar 控件中建立按钮。通过 Toolbar"属性页"对话框中的"按钮"选项卡，单击"插入按钮"命令，插入一个按钮，设置"图像"文本框中的内容为其在 ImageList 控件中用到的图像的关键字或者索引，并设置按钮的索引、关键字、样式、工具提示文本(Tool Top Text)等属性，如图 8-3 所示。

对于工具栏上的按钮，可以设置 6 种不同的样式，分别为 0-trbDefault(正常的按钮)、1-tbrCheck(当被按时保持压下状态，如同复选框控件)、2-trbButtonGroup(属于只可以选择一个的按钮组的按钮，如同单选按钮)、3-trbSeparator(确定宽度的分隔符)，4-trbPlaceholder(占位符样式，尺寸取决于"宽度"的分隔符，这个用来给放在工具栏上的其他控件制造空间)、5-trbDropDown(边上有下三角按钮，单击时显示一个下拉式菜单)。除菜单按钮外，每种属性的设置效果如图 8-4 所示。

(4) 按照上面的方法依次添加所需要的按钮。

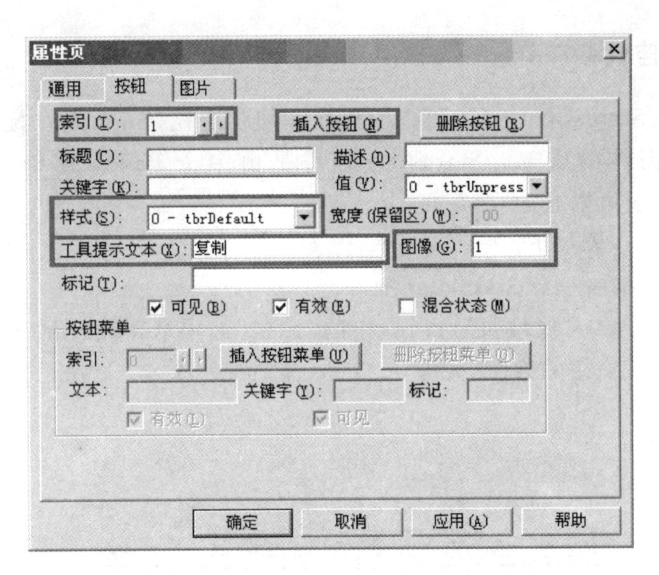

图 8-3　设置 Toolbar 属性(2)

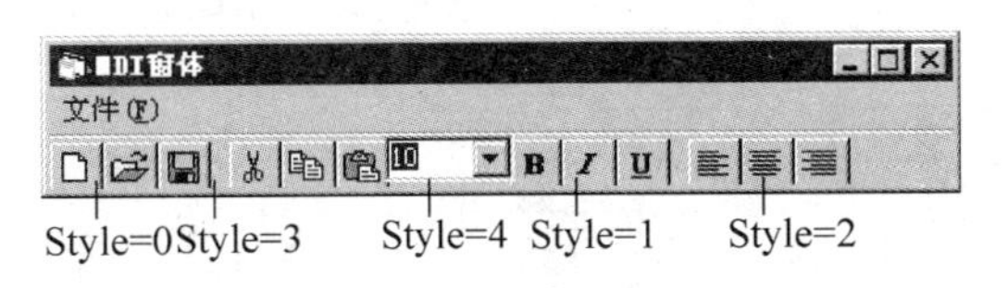

图 8-4　不同样式的菜单按钮

(5) 为工具栏编写代码。工具栏常用的事件有两个，分别是 ButtonClick 事件和 ButtonMenuClick 事件。当用户单击按钮(占位符和分隔符样式的按钮除外)时，会触发 ButtonClick 事件。可以用按钮的 Index 属性或者 Key 属性来识别单击的按钮。对于这些属性中的任意一个，可以用 Select Case 语句编写按钮的功能，下面用一个简单的例子说明。

```
Private Sub Toolbar1_ButtonClick(ByVal Button As MSComctlLib.Button)
    Select Case Button.Index
        Case 1
            Msgbox "单击了第一个按钮"
        Case 2
            Msgbox "单击了第二个按钮"
        ...
    End Select
End Sub
```

当用户单击工具栏上的菜单按钮时，会触发 ButtonMenuClick 事件，此时可以用按钮菜单(ButtonMenu)对象的 Index 属性或者 Key 属性来识别单击的是按钮上的哪一个菜单。对于这些属性中的任意一个，同样可以用 Select Case 语句编写按钮菜单的功能，代码和上面的 ButtonClick 事件类似。

3. 状态栏控件

使用状态栏(StatusBar)控件,可以为程序添加状态栏,StatusBar 控件可以创建一个窗口,通常位于窗体的底部。StatusBar 控件是由多个 Panel(窗格)对象构成,一个 StatusBar 控件最多可以有 16 个窗格。

创建状态栏的步骤如下。

(1) 在窗体上添加一个 StatusBar 控件。

(2) 通过 StatusBar"属性页"对话框中的"窗格"选项卡,单击"插入窗格"按钮,插入一个窗格,并设置该窗格的索引、关键字、文本、工具提示文本(ToolTopText)、样式、图片等属性,如图 8-5 所示。

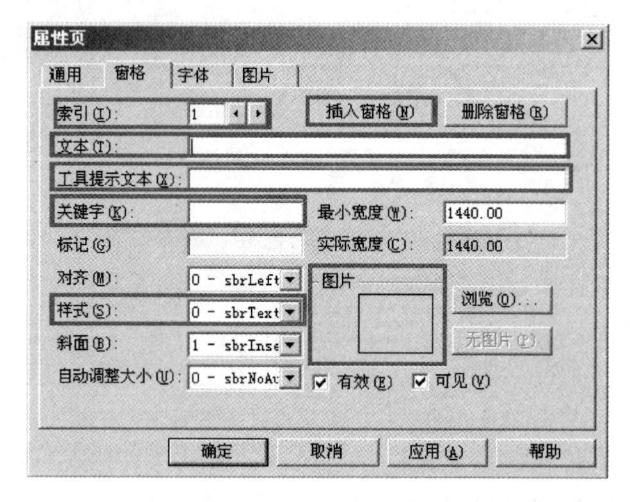

图 8-5 设置 StatusBar 属性

对于状态栏上的窗格,可以设置 8 种不同的样式,分别为 0-sbrText(在窗格上显示文本)、1-sbrCaps(显示 Caps Lock 键的状态,当 Caps Lock 键允许时,黑体显示 Caps 字符,否则灰色显示)、2-sbrNum(显示 Num Lock 键的状态,当 NumLock 键允许时,黑体显示 NUM 字符,否则灰色显示)、3-sbrIns(显示 Ins 键的状态,当 Ins 键允许使用时,黑体显示 INS 字符,否则灰色显示)、4-sbrScrl(显示 Scroll Lock 键的状态,当 Scroll Lock 键允许时,黑体显示 SCRL 字符,否则灰色显示)、5-sbrTime(以系统格式显示当前时间)、6-sbrDate(以系统格式显示当前日期)、7-sbrKana(当 Scroll Lock 键使能时,黑体显示 KANA 字符,否则灰色显示)。

(3) 如果需要在程序运行时动态修改状态栏的文本或图片内容,可以借助 Panel 集合中的 Panel 对象的对应属性来完成,下面用一个简单的例子来说明。

```
Private Sub Form_Click()
    StatusBar1.Panels(1).Text = "我的状态栏"
    StatusBar1.Panels(2).Picture = LoadPicture("c:\a.cur")
End Sub
```

程序运行后，单击窗体时，将修改 StatusBar 控件的第一个窗格的文本，在第二个窗格上加载一幅图片。

状态常用的事件是 PanelClick 事件。当用户单击状态栏上的窗格时，会触发 PanelClick 事件。可以用窗格的 Index 属性或者 Key 属性来识别单击的窗格。用 Select Case 语句来编写窗格的单击相应事件，代码的编写和工具栏的 ButtonClick 类似。

【任务作业】

(1) 打开 Windows 中的写字板程序，分析其中都有哪些控件，可以通过 VB 中的哪些部件来获得这些控件，尝试设计自己的写字板窗口。

(2) 为前面完成的简单文本编辑程序添加工具按钮，用于数据的复制、剪切、粘贴。

任务 8.2　文字编辑软件的开发与编程

【任务目标】

1. 学习利用 RichTextBox 控件强大的文字编辑功能，设计制作一个文字编辑软件。
2. 文字编辑软件应能进行格式文本的文件保存和读取。
3. 掌握通用对话框(CommonDialog)控件的使用方法。
4. 熟悉错误陷阱程序的使用技巧。

1. 任务情景描述

仿照 Windows 写字板的文字编辑功能，编写一个基本的文字编辑软件，可以进行文字字体、字号、对齐格式等的编辑，还能进行复制、剪切和粘贴，能进行 RTF 格式文本的文件保存和读取。

2. 设计思路

设计"文字编辑"软件，首先实现的就是对文本文件的打开、保存功能，利用前一个项目中的文件操作语句虽然可以保存和打开文件，可是对于带格式的文本只能保存文本内容，而不能保存文本的格式。为了能保存文本的格式，在保存文本文件时，可以将文件保存成 RTF 格式的文件。

RichTextBox 控件是一个被加强了的文本框控件，除了有很多属性和方法与文本框控件类似外，还能通过 LoadFile 方法和 SaveFile 方法实现对文档格式文件(RTF 文件)的加载和保存。此外，RichTextBox 控件还具有几个和反选文字有关的特殊属性：SelFontName 属性、SelFontSize 属性、SelColor 属性、SelBold 属性、SelItalic 属性、SelUnderLine 属性、SelStrikeThru 属性和 SelAlignment 属性。如果当前文本被选中，则这些属性设置或返回反选文本相应的特性；如果当前文本没有被选中，则这些属性设置或返回的特性从当前插入点后开始激活。

利用菜单、RichTextBox 控件、CommonDialog 控件和 Windows 剪贴板(Clipboard)对象的相关属性与方法，可以编写一个简单的文字编辑软件。

3. 实训内容

“文字编辑”程序初始化运行后的窗口如图 8-6 所示。选择“文件”→“新建”、“打开”和“保存”命令,能实现文件的新建、打开和保存操作;选择“字体”菜单,将打开“字体”对话框,如图 8-7 所示,可以设置 RichTextBox 控件中反选文字的字体大小、字体名称、粗体、斜体、字体颜色等属性;选择“对齐方式”→“左对齐”、“右对齐”和“居中对齐”3 个命令,可以设置反选文字的对齐方式;选择“编辑”→“复制”、“剪切”和“粘贴”3 个命令,可以进行复制、剪切和粘贴操作。

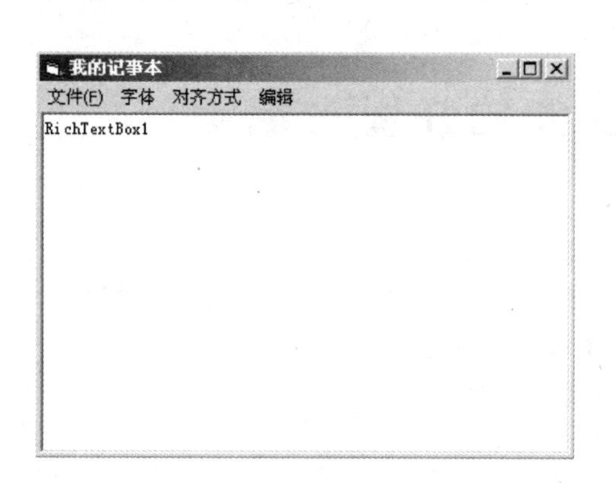

图 8-6 “文字编辑”程序初始化运行后的窗口

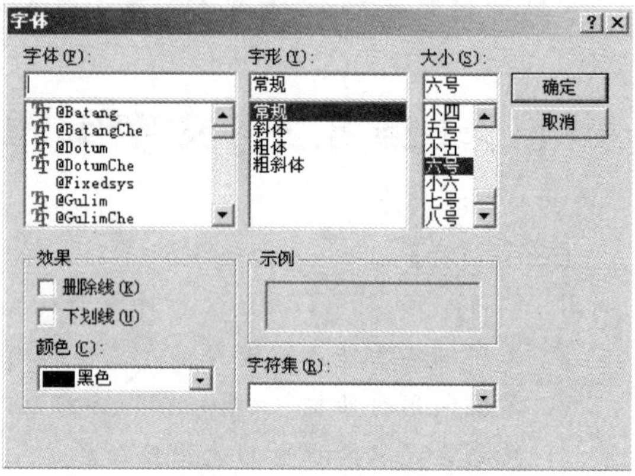

图 8-7 “字体”对话框

(1) 进入 VB 后,新建一个“标准 EXE”项目。

(2) 向工具箱中添加 RichTextBox 控件和 CommonDialog 控件,步骤如下。

① 选择“工程”→“部件”命令,打开“部件”对话框,如图 8-8 所示。

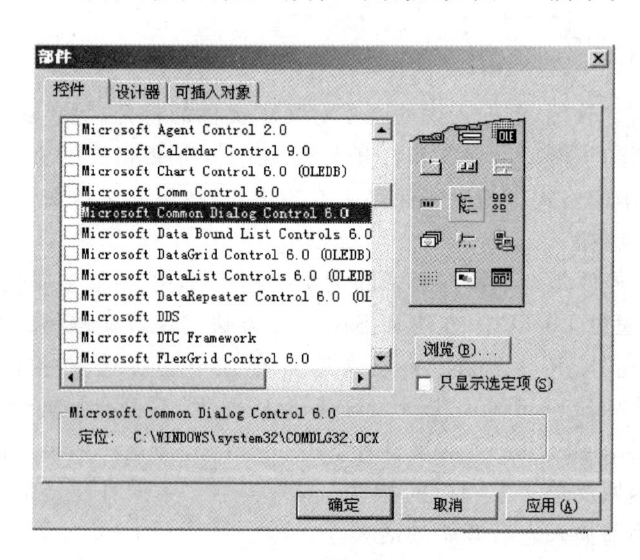

图 8-8 “部件”对话框

② 在对话框中，选择“控件”选项卡，然后在控件列表框中，选中 Microsoft Common Dialog Control 6.0 和 Microsoft Rich Textbox Control 6.0 复选框。

③ 单击“确定“按钮，CommonDialog 控件 和 RichTextBox 控件 将添加到工具箱中。

(3) 在窗体上添加一个 RichTextBox 控件和一个 CommonDialog 控件，并设置其相应的属性，属性值设置见表 8-1。

表 8-1　各控件的属性设置

对象或控件	属性名	属　性　值
Form1	Caption	我的记事本
RichTextBox 控件	Name	RichTextBox1
	ScrollBars	2-rtfVertical
CommonDialog 控件	Name	CmdOpen
	Filter	RTF Files| *.rtf|Text Files| *.txt|All files| *.*
	CancelError	True

(4) 选择“工具”→“菜单编辑器”命令，打开“菜单编辑器”对话框，设置菜单，各菜单的属性见表 8-2。

表 8-2　菜单项属性设置

标　题	名　称	快捷键
文件(&F)	FileControl	
新建	NewFlie	Ctrl+N
打开	OpenFile	Ctrl+O
保存	SaveFile	Ctrl+S
—	Separator1	
退出	Quit	Ctrl+Q
字体	FonControl	无
对齐方式	Position	无
左对齐	PosLeft	无
居中对齐	PosCenter	无
右对齐	PosRight	无
编辑	Edit	无
剪切	Cut	Ctrl+X
复制	Copy	Ctrl+C
粘贴	Paste	Ctrl+V

(5) 输入相关事件的代码。

```
Private Sub NewFlie_Click()                    '“新建”菜单代码
  RichTextBox1.Text = ""
End Sub
```

```
Private Sub OpenFile_Click()                        '“打开”菜单代码
  '打开错误捕捉陷阱,因为设置了通用对话框控件单击“取消”按钮触发错误的功能
  '可以在显示对话框时捕获错误,检测是否单击了“取消”按钮
  On Error GoTo errfile
  CmdOpen.ShowOpen
  RichTextBox1.LoadFile (CmdOpen.FileName)    '打开文件
  '错误处理代码
  errfile:
     Exit Sub
End Sub

Private Sub SaveFile_Click()                        '“保存”菜单代码
  On Error GoTo errfile
  CmdOpen.ShowSave
  RichTextBox1.SaveFile (CmdOpen.FileName)    '保存文件
  errfile:
     Exit Sub
End Sub

Private Sub Quit_Click()                            '“退出”菜单代码
  End
End Sub

Private Sub FonControl_Click()                      '“字体”菜单代码
  On Error GoTo errfile
  '设置标志,表示打开的“字体”对话框的字体为屏幕和打印字体,显示效果选项
  CmdOpen.Flags = cdlCFBoth + cdlCFEffects
  '根据 RichTextBox1 控件中与反选文字有关的属性,初始化“字体”对话框
  With RichTextBox1
        CmdOpen.FontName = .SelFontName
        CmdOpen.FontSize = .SelFontSize
        CmdOpen.FontBold = .SelBold
        CmdOpen.FontItalic = .SelItalic
        CmdOpen.FontStrikethru = .SelStrikeThru
        CmdOpen.FontUnderline = .SelUnderline
        CmdOpen.Color = .SelColor
  End With
  '打开“字体”对话框
  CmdOpen.ShowFont
  '将 RichTextBox1 控件中与反选文字有关的属性根据“字体”对话框的变化作相应
  '设置
  With RichTextBox1
        .SelFontName = CmdOpen.FontName
        .SelFontSize = CmdOpen.FontSize
        .SelBold = CmdOpen.FontBold
        .SelItalic = CmdOpen.FontItalic
        .SelStrikeThru = CmdOpen.FontStrikethru
        .SelUnderline = CmdOpen.FontUnderline
.SelColor = CmdOpen.Color
```

```
  End With
  errfile:
       Exit Sub
End Sub

Private Sub PosLeft_Click()                              '“左对齐”菜单代码
  RichTextBox1.SelAlignment = 0
End Sub

Private Sub PosCenter_Click()                            '“居中对齐”菜单代码
  RichTextBox1.SelAlignment = 2
End Sub

Private Sub PosRight_Click()                             '“右对齐”菜单代码
  RichTextBox1.SelAlignment = 1
End Sub

Private Sub Edit_Click()                                 '“编辑”菜单代码
  '在进行复制和剪切操作时,必须反选了文本才能进行,因此在单击“编辑”菜
  '单时,需要判断一下是否反选了文本,进而设置“复制”和“剪切”命令是否可用
  If RichTextBox1.SelLength = 0 Then
       Cut.Enabled = False
       Copy.Enabled = False
  Else
       Cut.Enabled = True
       Copy.Enabled = True
  End If
  '在进行粘贴操作时,剪贴板中必须有文本才能进行,因此在单击“编辑”菜单时
  '也需要判断一下剪贴板中是否有文本,进而设置“粘贴”命令是否可用
  If Clipboard.GetText = "" Then
       Paste.Enabled = False
  Else
       Paste.Enabled = True
  End If
End Sub

Private Sub Cut_Click()                                  '“剪切”菜单代码
  Clipboard.SetText RichTextBox1.SelText
  RichTextBox1.SelText = ""
End Sub

Private Sub Copy_Click()                                 '“复制”菜单代码
  Clipboard.SetText RichTextBox1.SelText
End Sub

Private Sub Paste_Click()                                '“粘贴”菜单代码
  RichTextBox1.SelText = Clipboard.GetText
End Sub
```

(6) 试运行。在 RichTextBox1 控件中输入文字,分别选择"文件"、"字体"、"对齐方式"和"编辑"4 个菜单下的子命令,可以实现文本文件的打开、保存操作,实现对反选文字的字体格式和对齐方式的设置,可以对反选文字进行复制、剪切和粘贴操作。

【任务作业】

(1) 正常的 Windows 应用程序中的文本编辑控件的大小,会随着窗体的大小变化自动调整,这可以在窗体的 ReSize 事件中将控件的大小按窗体的大小进行计算并调整,编程完善本任务的相关代码。

(2) 完善的软件通常会在文本框进行了修改后提醒用户保存,常用的方法是定义一个全局变量,在 RichTextBox 控件中发生 Change 事件后,该变量被赋值 True,而保存文件后又被赋值为 Flase。在打开新文件或关闭程序时,检查这个变量,就知道是否曾保存过修改内容,然后根据需要提示用户保存文件。按这个设计思路完善这个文字编辑软件。

任务 8.3 带工具栏的文字编辑软件编程

【任务目标】

1. 掌握工具栏的设计、使用编程。
2. 掌握状态栏的设计、使用编程。
3. 学习 RichTextBox 字符串查找相关语句的用法。

1. 任务情景描述

工具栏已经成为了许多基于 Windows 的应用程序的基本构件之一。一般情况下工具栏是用来配合菜单的。工具栏具有菜单所缺少的图形化外观,而且提供了比菜单更快捷的访问方式。此外,基于 Windows 的应用程序多数都具有状态栏,用来显示一些相关的信息。本任务是为任务 8.2 的程序添加跟菜单功能对应的工具栏,并在窗体的下方设置状态栏,显示相关信息。另外,完善文字编辑软件,为它添加查找功能。

2. 设计思路

可以通过工具栏控件和状态栏控件,来制作适合"文字编辑"软件的工具栏和状态栏。对于状态栏控件,可以看作是由一个个窗格对象构成;对于工具栏控件,可以看作是由一个个按钮对象组成,所以,可以通过工具栏控件的 ButtonClick 事件返回的 Button 参数来确定单击是哪个按钮,从而编写对应代码。

一般的文本编辑文件都能实现文字的查找和替换功能,可以利用 InStr 函数在 RichTextBox 控件中查找和替换文本,但是 RichTextBox 控件提供了 Find 方法,可以使查找和替换更简单。

3. 实训内容

保留任务 8.2 中的各控件，在窗体上添加 3 个控件，并做相应设置，设计好的窗体如图 8-9 所示。

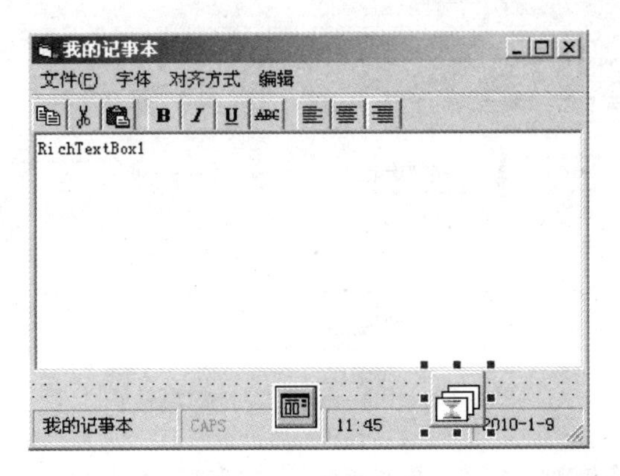

图 8-9 设计好的窗体

具体修改步骤如下。

(1) 向工具箱中添加工具栏控件、状态栏控件和图像列表控件。

① 选择“工程”→“部件”命令，打开“部件”对话框。

② 在该对话框中，选择“控件”选项卡，然后在控件列表框中选中 Microsoft Windows Common Controls 6.0(SP6)复选框。

③ 单击“确定“按钮，工具栏控件 、状态栏控件 和图像列表控件 将添加到工具箱中。

(2) 在窗体上添加一个工具栏控件、一个状态栏控件和一个图像列表控件，并在属性窗口中设置其相应的属性，属性值设置见表 8-3。

表 8-3 各控件的属性设置

对象或控件	属性名	属性值
ToolBar 控件	Name	T1
StatusBar 控件	Name	S1
ImageList 控件	Name	ImageList1

(3) 选择窗体上的图像列表控件 ImageList1 右击，选择“属性”命令，打开 ImageList1 控件的“属性页”对话框，在“通用”选项卡中选择图片的高度为 16×16，如图 8-1 所示。

选择“图像”选项卡，单击“插入图片”按钮，插入 9 幅图片，并记住每幅图片的索引，如图 8-10 所示。

(4) 选择窗体上的工具栏控件 T1 右击，选择“属性”命令，打开 T1 控件的“属性页”对话框，在“通用”选项卡中设置图像列表控件为 ImageList1，将工具栏控件 T1 和图像列表控件 ImageList1 绑定在一起，使工具栏控件 T1 可以使用图像列表控件 ImageList1 中的图片，如图 8-11 所示。

图 8-10　ImageList1 控件的属性页

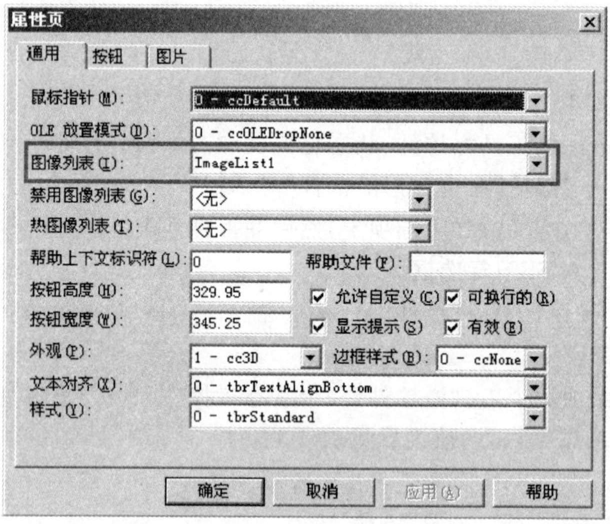

图 8-11　T1 控件的属性页

选择“按钮”选项卡，单击“插入按钮”按钮，设置“样式”为 0-tbrDefault，“工具提示文本”为“复制”，“图像”为 1(对应图片在 ImageList1 中的索引)，如图 8-3 所示。

用同样的方法，再添加 11 个按钮，分别为剪切、粘贴、粗体、斜体、左对齐等按钮，其中第 4 个和第 9 个按钮为分隔线，只需要设置样式为 3-tbrSeparator；将第 5～第 8 个按钮设置为复选框样式，其样式为 1-tbrCheck；将第 10～第 12 个按钮设置为单选按钮组的样式，其样式为 2-tbrButtonGroup。记住每个按钮的索引值。

(5) 选择窗体上的状态栏控件 S1 右击，选择“属性”命令，打开 S1 控件的“属性页”对话框，选择“窗格”选项卡，单击“插入窗格”按钮，设置“文本”为“我的记事本”，“样式”为 0-sbrText，如图 8-12 所示。

用同样的方法，再插入 3 个窗格，分别设置其样式为 3-sbrCaps、5-sbrTime 和 6-sbrDate。

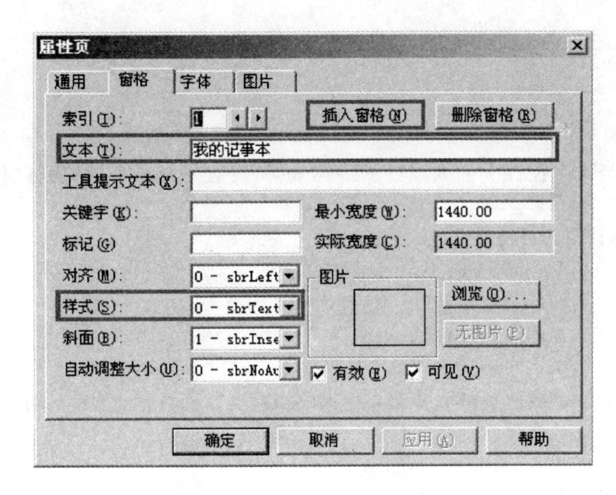

图 8-12　S1 控件的属性页

(6) 添加和修改相关的代码：

```
Private Sub Edit_Click()   '修改"编辑"菜单代码
'修改"编辑"菜单代码,控制工具栏 T1 上的复制、剪切和粘贴按钮是否有用,让其
'和复制、剪切与粘贴 3 个菜单一致
  If RichTextBox1.SelLength = 0 Then
    Cut.Enabled = False
    T1.Buttons(2).Enabled = False   '设置工具栏上的"剪切"按钮不可用
    Copy.Enabled = False
    T1.Buttons(1).Enabled = False   '设置工具栏上的"复制"按钮不可用
  Else
    Cut.Enabled = True
    T1.Buttons(2).Enabled = True   '设置工具栏上的"剪切"按钮可用
    Copy.Enabled = True
    T1.Buttons(1).Enabled = True   '设置工具栏上的"复制"按钮可用
  End If
  If Clipboard.GetText = "" Then
    Paste.Enabled = False
    T1.Buttons(3).Enabled = False   '设置工具栏上的"粘贴"按钮不可用
  Else
    Paste.Enabled = True
    T1.Buttons(3).Enabled = True   '设置工具栏上的"粘贴"按钮可用
  End If
End Sub

Private Sub Form_Load()   '添加窗体的加载事件
  Call Edit_Click   '调用"编辑"菜单事件过程,对工具栏上的按钮进行初始化
End Sub

Private Sub RichTextBox1_Click()   '添加 RichTextBox1 的单击事件
  '判断 RichTextBox1 控件上插入点处的字体效果,设置工具栏上的"粗体"按钮是
  '否下陷
  If RichTextBox1.SelBold = False Then
```

```
        T1.Buttons(5).Value = tbrUnpressed
    Else
        T1.Buttons(5).Value = tbrPressed
    End If
    '判断 RichTextBox1 控件上插入点处的字体效果,设置工具栏上的"斜体"按钮是
    '否下陷
    If RichTextBox1.SelItalic = False Then
        T1.Buttons(6).Value = tbrUnpressed
    Else
        T1.Buttons(6).Value = tbrPressed
    End If
    '判断 RichTextBox1 控件上插入点处的字体效果,设置工具栏上的"下划线"按钮
    '是否下陷
    If RichTextBox1.SelUnderline = False Then
        T1.Buttons(7).Value = tbrUnpressed
    Else
        T1.Buttons(7).Value = tbrPressed
    End If
    '判断 RichTextBox1 控件上插入点处的字体效果,设置工具栏上的"删除线"按钮
    '是否下陷
    If RichTextBox1.SelStrikeThru = False Then
        T1.Buttons(8).Value = tbrUnpressed
    Else
        T1.Buttons(8).Value = tbrPressed
    End If
    '调用"编辑"菜单事件过程,当单击 RichTextBox1 控件时,判断是否反选文字,
    '从而设置工具栏上的"复制"、"剪切"和"粘贴"3 个按钮是否可用
    Call Edit_Click
End Sub

Private Sub Cut_Click()   '修改"剪切"菜单代码
    Clipboard.SetText RichTextBox1.SelText
    RichTextBox1.SelText = ""
    Paste.Enabled = True
    T1.Buttons(3).Enabled = True   '设置工具栏上的"粘贴"按钮可用
End Sub

Private Sub copy_Click()   '修改"复制"菜单代码
    Clipboard.SetText RichTextBox1.SelText
    Paste.Enabled = True
    T1.Buttons(3).Enabled = True   '设置工具栏上的"粘贴"按钮可用
End Sub

Private Sub FonControl_Click()   '修改"字体"菜单代码
    On Error GoTo errfile
    CmdOpen.Flags = cdlCFBoth + cdlCFEffects
    With RichTextBox1
        CmdOpen.FontName = .SelFontName
        CmdOpen.FontSize = .SelFontSize
```

```
        CmdOpen.FontBold = .SelBold
        CmdOpen.FontItalic = .SelItalic
        CmdOpen.FontStrikethru = .SelStrikeThru
        CmdOpen.FontUnderline = .SelUnderline
        CmdOpen.Color = .SelColor
    End With
    CmdOpen.ShowFont
    With RichTextBox1
        .SelFontName = CmdOpen.FontName
        .SelFontSize = CmdOpen.FontSize
        .SelBold = CmdOpen.FontBold
        .SelItalic = CmdOpen.FontItalic
        .SelStrikeThru = CmdOpen.FontStrikethru
        .SelUnderline = CmdOpen.FontUnderline
        .SelColor = CmdOpen.Color
    End With
    '调用 RichTextBox1 的单击事件,使得设置完字体效果后,功能栏上对应的按钮设
    '置能和反选的字体一致
    Call RichTextBox1_Click
    errfile:
        Exit Sub
End Sub

'添加工具栏控件 T1 的按钮单击事件
Private Sub T1_ButtonClick(ByVal Button As MSComctlLib.Button)
        Select Case Button.Index
        Case 1                                  '"复制"按钮
            Call Copy_Click
        Case 2                                  '"剪切"按钮
            Call Cut_Click
        Case 3                                  '"粘贴"按钮
            Call Paste_Click
        Case 5                                  '"粗体"按钮
            If RichTextBox1.SelBold = False Then
              T1.Buttons(5).Value = tbrPressed
            Else
              T1.Buttons(5).Value = tbrUnpressed
            End If
            RichTextBox1.SelBold = Not RichTextBox1.SelBold
        Case 6                                  '"斜体"按钮
            If RichTextBox1.SelItalic = False Then
              T1.Buttons(6).Value = tbrPressed
            Else
              T1.Buttons(6).Value = tbrUnpressed
            End If
            RichTextBox1.SelItalic = Not RichTextBox1.SelItalic
        Case 7                                  '"下划线"按钮
            If RichTextBox1.SelUnderline = False Then
              T1.Buttons(7).Value = tbrPressed
```

```
            Else
                T1.Buttons(7).Value = tbrUnpressed
            End If
            RichTextBox1.SelUnderline = Not RichTextBox1.SelUnderline
        Case 8                                        '"删除线"按钮
            If RichTextBox1.SelStrikeThru = False Then
                T1.Buttons(8).Value = tbrPressed
            Else
                T1.Buttons(8).Value = tbrUnpressed
            End If
            RichTextBox1.SelStrikeThru = Not RichTextBox1.SelStrikeThru
        Case 10                                       '"左对齐"按钮
            Call PosLeft_Click
        Case 11                                       '"居中对齐"按钮
            Call PosCenter_Click
        Case 12                                       '"右对齐"按钮
            Call PosRight_Click
        End Select
End Sub

'添加窗体大小改变事件,使得 RichTextBox1 能跟随窗体的大小调整大小
Private Sub Form_Resize()
  If Me.WindowState <> 1 Then
      RichTextBox1.Left = 0
      RichTextBox1.Width = Me.ScaleWidth
      RichTextBox1.Top = T1.Height
      If Me.ScaleHeight - T1.Height - S1.Height > 0 Then
         RichTextBox1.Height = Me.ScaleHeight - T1.Height - S1.Height
      End If
  End If
End Sub
```

代码输入完成,运行代码,可用看到工具栏上的按钮效果和对应的菜单命令一致,而且 RichTextBox1 控件能跟随窗口的大小调整自动调整成适合大小。

(7) 文字查找功能的实现

在"编辑"菜单下新增查找和替换菜单项,修改后的"编辑"菜单的各子菜单属性见表 8-4。

表 8-4 菜单项属性设置

标　题	名　称	快捷键
编辑	Edit	无
剪切	Cut	Ctrl+X
复制	Copy	Ctrl+C
粘贴	Paste	Ctrl+V
—	Separator2	
查找	FindText	Ctrl+F
查找下一个	FindNext	F3
替换	ReplacText	Ctrl+H

编写对应的“查找”、“查找下一个”和“替换”菜单项代码，代码如下。

```
'在通用声明部分声明一个窗体级变量 sFind,用来存放要查找的文字
Dim sFind As String

Private Sub FindText_Click()                    '“查找”菜单代码
    sFind = InputBox(" 请输入你要查找的文字", "查找")
    RichTextBox1.Find sFind
End Sub

Private Sub FindNext_Click()                    '“查找下一个”菜单代码
   If sFind="" Then Exit Sub
   '设置查找范围的起点
   RichTextBox1.SelStart = RichTextBox1.SelStart + RichTextBox1.SelLength + 1
   RichTextBox1.Find sFind, , Len(RichTextBox1)
End Sub

Private Sub ReplacText_Click()                  '“替换”菜单代码
    Dim RePlacestr As String
    Dim Findstr As String
    Findstr = InputBox(" 请输入你要查找的内容", "查找")
    RePlacestr = InputBox(" 请输入你要替换的内容", "替换")
    RichTextBox1.Find Findstr
    If RichTextBox1.SelLength <> 0 Then
        RichTextBox1.SelText = RePlacestr
    End If
End Sub
```

代码输入完成后，运行代码，可以看到文本的查找和替换功能基本实现。

【任务作业】

(1) VB 开发包中有一个“Package & Deployment 向导”，它以向导模式帮助软件开发者制作软件安装包，用于软件的发行，使用该向导，把本项目完成的软件打包，并上传给老师测试。

(2) Windows 应用软件通常都有帮助文件帮助用户使用软件，上网搜索 VB 帮助文件制作方法，为文字编辑软件制作帮助程序，并修改代码嵌入其中。

项目小结

通过本项目，可以进一步学习菜单、CommonDialog 控件和 Windows 剪贴板对象的运用，了解 RTF 文件的特点，掌握 RichTextBox 控件的一些常用的属性和方法，掌握工具栏控件、状态栏控件和图像列表控件的基本运用。

本项目只实现了文字编辑软件的一些基本功能，很多细节没有讲到，比如说当新建一个文本文件或者退出时，如果原有文件已经修改，要提示原有文件是否保存，如需要保存，要保存原有文件。对于这些细节上存在的问题，大家可以尝试自己修改代码。

项目 9　个人数字助理软件编程

项目目的

通过本项目的各项任务，要求学生初步理解 VB 数据库编程概念；掌握采用 Data 控件的相关属性、方法、事件；熟悉数据库记录保存、删除和查询等数据库管理的相关语句、命令；最终初步掌握 VB 数据库操作的基本方法和相关语句、控件应用，学会开发简单的信息系统软件。

项目要求

基本要求：利用 VB 数据库控件，开发一个可用于通讯录管理、日程管理的个人数字助理软件，实现基本的数据保存、删除、查询等数据库管理功能。

拓展要求：完善数据管理软件的界面功能，增加系统状态显示，提供良好的人机接口功能。

任务 9.1　必备知识与理论

【任务目标】

1. 了解 VB 数据库访问的主要方式。
2. 熟悉 Data 控件的主要概念、属性和事件、方法。

9.1.1　DAO、RDO、ODBC 和 ADO

在 VB 的开发环境中，可以使用 3 种数据库访问方式，它们分别是数据访问对象(DAO)、远程数据对象(RDO)和 ActiveX 数据对象(ADO)模型。

1. DAO

DAO(Database Access Objects，数据访问对象)是第一个面向对象的数据库接口，主要是 Microsoft Jet 数据库引擎(最早是给 Microsoft Access 所使用，现在已经支持其他数据库)，并允许开发者通过 ODBC 像连接到其他数据库一样，直接连接到 Access 表。DAO 最适用于单系统应用程序或在小范围本地分布使用。其内部已经对 Jet 数据库的访问进行了加速优化，而且其使用起来也很方便。所以如果数据库是 Access 数据库且是本地使用，建议使用这种访问方式。

VB已经把DAO模型封装成了Data控件，分别设置相应的DatabaseName属性和RecordSource属性就可以将Data控件与数据库中的记录源连接起来，以后就可以使用Data控件来对数据库进行操作。

2. RDO

RDO(Remote Data Objects，远程数据对象)是一个到ODBC的、面向对象的数据访问接口，它同易于使用的DAO Style组合在一起，提供了一个接口，形式上展示出所有ODBC的底层功能和灵活性。尽管RDO在访问Jet或ISAM数据库方面受到限制，而且只能通过现存的ODBC驱动程序来访问关系数据库。但是，RDO已被证明是许多SQL Server、Oracle以及其他大型关系数据库开发者经常选用的最佳接口。RDO提供了用来访问存储过程和复杂结果集的更多与更复杂的对象、属性以及方法。

和DAO一样，在VB中也把其封装为RDO控件，其使用方法与DAO控件的使用方法完全一样。

3. ODBC

ODBC(Open Database Connectivity，开放数据库互联)是微软公司开放服务结构(Windows Open Services Architecture，WOSA)中有关数据库的一个组成部分，它建立了一组规范，并提供了一组对数据库访问的标准API(应用程序编程接口)。这些API利用SQL来完成其大部分任务。ODBC本身也提供了对SQL语句的支持，用户可以直接将SQL语句送给ODBC。

一个基于ODBC的应用程序对数据库的操作不依赖任何DBMS，不直接与DBMS打交道，所有数据库操作由对应的DBMS的ODBC驱动程序完成。也就是说，不论是FoxPro、Access还是Oracle数据库，均可用ODBC API进行访问。由此可见，ODBC最大的优点是能以统一的方式处理所有的数据库。

一个完整的ODBC由下列几个部件组成。

(1) 应用程序

① ODBC管理器(Administrator)。该程序位于Windows 95控制面板(Control Panel)的32位ODBC内，主要任务是管理安装的ODBC驱动程序和管理数据源。

② 驱动程序管理器(Driver Manager)。驱动程序管理器包含在ODBC32.DLL中，对用户是透明的，任务是管理ODBC驱动程序，是ODBC中最重要的部件。

(2) ODBC API

① ODBC驱动程序。该程序是一些DLL，提供了ODBC和数据库之间的接口。

② 数据源。数据源包含了数据库位置和数据库类型等信息，实际上是一种数据连接的抽象。

ODBC连接目前仅仅限于关系型数据库，对于其他数据源如Excel、文本文件都不能进行访问，而且有很多DBMS(数据库管理系统)都不能充分地支持其所有的功能。相比之下，OLE DB可以存取任何形式的数据，所以其功能相当强大，也引导了目前技术发展的方向。

4. ADO

ADO(ActiveX Data Object,ActiveX 数据对象)是 DAO/RDO 的后继产物。ADO 2.0 在功能上与 RDO 更相似,而且一般来说,这两种模型之间有一种相似的映射关系。ADO“扩展”了 DAO 和 RDO 所使用的对象模型,这意味着它包含较少的对象、更多的属性、方法(和参数)以及事件。

作为最新的数据库访问模式,ADO 的使用也是简单易用,所以微软已经明确表示今后把重点放在 ADO 上,对 DAO/RDO 不再作升级,所以 ADO 已经成为了当前数据库开发的主流。

ADO 涉及的数据存储有 DSN(数据源名称)、ODBC(开放式数据连接)以及 OLE DB 这 3 种方式。

要使用 ADO,必须清楚 ADO 的对象层次结构,其大体上分为以下 7 个对象层次。

(1) Command 对象:包含关于某个命令,如查询字符串、参数定义等的信息。Command 对象在功能上和 RDO 的 rdoQuery 对象相似。

(2) Connection 对象:包含关于某个数据提供程序的信息。Connection 对象在功能上和 RDO 的 rdoConnection 对象是相似的,并且包含了关于结构描述的信息。它还包含某些 rdoEnvironment 对象的功能,如 Transaction 控件。

(3) Error 对象:包含数据提供程序出错时的扩展信息。Error 对象在功能上和 RDO 的 rdoError 对象相似。

(4) Field 对象:包含记录集中数据的某单个列的信息。Field 对象在功能上和 RDO 的 rdoColumn 对象相似。

(5) Parameter 对象:包含参数化 Command 对象的单个参数的信息。该 Command 对象有一个包含其所有 Parameter 对象的 Parameters 集合。Parameter 对象在功能上和 RDO 的 rdoParameter 对象相似。

(6) Property 对象:包含某个 ADO 对象的提供程序定义的特征,没有任何等同于该对象的 RDO,但 DAO 有一个相似的对象。

(7) Recordset 对象:用来存储数据操作返回的记录集。此对象和 Connection 对象是所有对象中最重要的两个对象。

对于初级用户来说,只需要掌握其中的 Connection 对象和 Recordset 对象就可以实现基本的数据库操作。

9.1.2 Data 控件

Data 控件是 VB 提供的用于数据库操作的内部控件。一个 Data 控件与一个表或查询相对应。或者说 Data 控件中有一个所对应表或查询的副本即 Data 控件的 Recordset 属性,该属性是一个对象,被称为记录集。

(1) 要想使一个 Data 控件与一个表或查询相对应,应设置 Data 控件的以下 3 个属性。

① Connect 属性：指示数据库的类型。

② DatabaseName 属性：指示与 Data 控件关联的是哪个数据库。

③ RecordSource 属性：指示与 Data 控件关联的是 DatabaseName 属性中指定数据库的哪个表或查询。

(2) Data 控件常用的属性还有以下几个。

① RecordsetType 属性：指定记录集的类型。

(a) 表类型(Table)：当 RecordSource 属性中指定的是一个表时所用的类型，这种类型的记录集内容可以增、删、改，即对应的数据库表的内容可以增、删、改。

(b) 动态集类型(Dynaset)：当 RecordSource 属性中指定的是一个查询时所用的类型，这种类型的记录集内容也可修改。

(c) 快照类型(Snapshot)：当 RecordSource 属性中指定的是一个查询时所用的类型，这种类型的记录集内容不可修改。

② BOFAction 属性和 EOFAction 属性：指出当记录指针指向库的开头和末尾时的“行动”。

(3) Data 控件的常用方法如下。

① AddNew 方法(用于 Recordset)：在记录集中添加新记录。

② Delete 方法(用于 Recordset)：删除记录集的当前记录。

③ FindFirst、FindLast、FindNext、FindPrevious 方法(用于 Recordset)：查找记录。

④ MoveFirst、MoveLast、MoveNext、MovePrevious 方法(用于 Recordset)：移动记录指针。

⑤ Refresh 方法：刷新 Data 控件。

⑥ CancelUpdate 方法：取消对当前记录的修改。

(4) Data 控件的常用事件如下。

Validate 事件：在一条不同的记录成为当前记录之前，Update 方法(用 UpdateRecord 方法保存数据时除外)以及 Delete、Unload 或 Close 操作之前会发生该事件。

(5) 记录集各字段内容要想反映到窗体界面上，必须将其字段与相应的控件进行所谓的绑定。将一控件与记录集中字段进行绑定只需设置控件的 DataSource 属性为某个 Data 控件，DataField 属性为该 Data 控件中记录集的某个字段即可。与记录集中某个字段进行了绑定的控件称为数据感知控件。具体步骤如下。

① 在窗体上放置一个 Data 控件。Data 控件是一个内在的控件，因而总是可用的。

② 单击并选定这个 Data 控件，按 F4 键显示“属性”窗口。

③ 在“属性”窗口中，将“连接”属性设置为想要使用的数据库类型。

④ 在“属性”窗口中，将 DatabaseName 属性设置为想要连接的数据库的文件或目录名称。

⑤ 在“属性”窗口中，将“记录源”属性设置为想要访问的数据库表的名称。

⑥ 在该窗体上放置一个文本框控件。

⑦ 单击并选定这个 TextBox 控件，并在其“属性”窗口中将“数据源”属性设置为该 Data 控件。

⑧ 在“属性”窗口中，将“数据字段”属性设置为在该数据库中想要查看或修改的字段的名称。

⑨ 对其他的每一个想要访问的字段，重复第 6～第 8 步。

⑩ 按 F5 键运行这个应用程序。

【任务作业】

(1) 进入 MSDN 搜索关于 Data 控件及相关属性内容，了解 Data 控件的相关功能。

(2) 借阅 Access 数据库管理系统相关书籍，熟悉 MDB 数据库创建的相关知识，为下一任务的顺利学习打下基础。

任务 9.2 “个人数字助理”软件开发

【任务目标】

1. 通过实训任务掌握 Data 控件对数据库操作的相关编程知识。
2. 学习下拉式日历控件的使用方法。
3. 完成基于 Data 控件的个人数字助理软件的开发和调试。

1. 任务情景描述

工作日程表和通讯录是日常需要的个人办公必备品，可以利用计算机软件来实现这一功能，并通过自动提醒和查询来提高工作效率。

本任务是利用数据库保存通讯录和日程表信息，设计相关界面来管理和维护相关数据，提供个人数字助理的功能。

2. 设计思路

VB 提供的 Data 控件给程序设计者编写数据库管理软件带来了很大的便利，尤其适合初学者使用。利用 Data 控件以及文本框等控件的数据绑定功能，可以在很短时间里开发出对 Access 数据库进行读/写处理的程序。本项目采用 Access 数据库 MDB 文件进行数据存储，利用 Data 控件对 MDB 文件进行数据访问，从而实现通讯录和日程表等个人数字信息的管理。

首先利用 MS Access 软件创建一个 MDB 数据库的数据表，然后在 VB 中创建 Data 控件，并指向该数据库的数据表，设计相关界面，利用 Data 控件的相关操作语句对数据表中的数据在文本框中进行访问和修改。

3. 实训内容

本项目的界面由 3 部分组成，运行程序后，出现的是一个欢迎界面和导航按钮，如图 9-1 所示。通过按钮调出通讯录和日程表两个二级窗口，如图 9-2 和图 9-3 所示。

注意：在主界面调出子界面时，主界面暂时隐藏，所以子界面没有“退出”按钮，取而代之的是一个“返回”按钮：当子界面返回时，主界面重新显示。

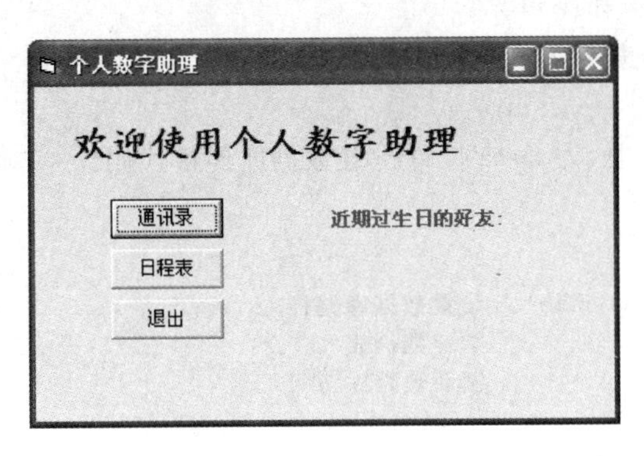

图 9-1　个人数字助理主界面

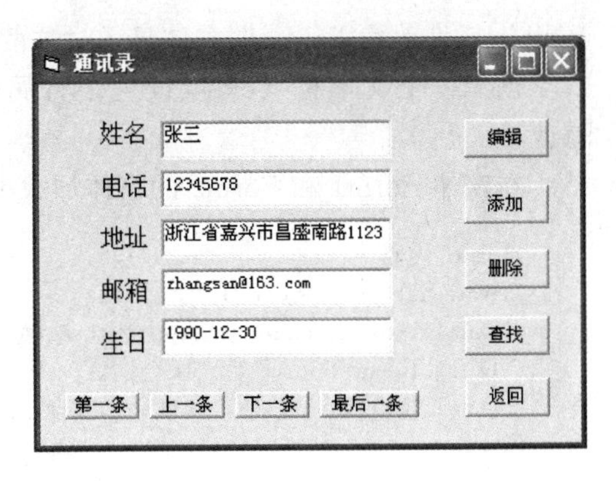

图 9-2　通讯录子界面

(1) 新建一个“标准 EXE”工程，主界面包括了 3 个按钮控件和 3 个标签控件、一个 Data 控件，如图 9-4 所示。

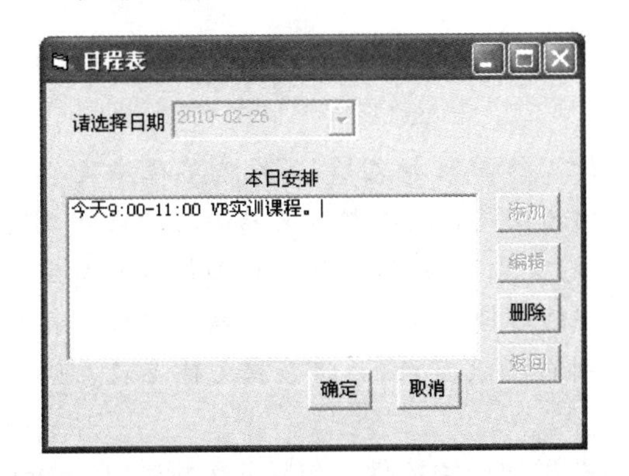

图 9-3　日程表子界面

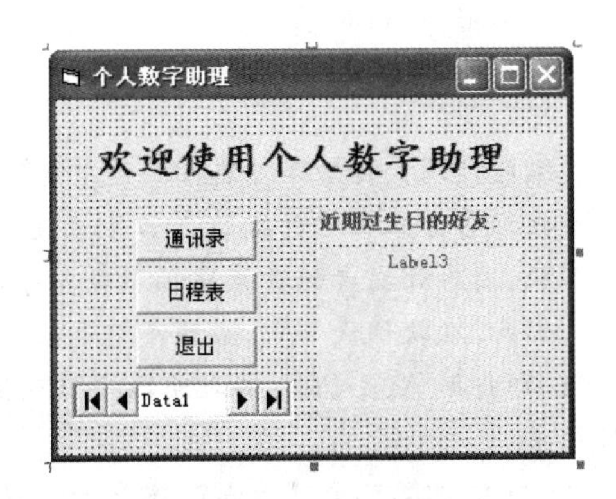

图 9-4　主界面设计

修改 Label1 的 Caption 属性为“欢迎使用个人数字助理”，Label2 的 Caption 属性为“近期过生日的好友：”，Label3 的 Caption 属性为空白；其他按钮按图 9-4 修改 Caption 属性。

(2) 添加一个子界面窗体 Form2，按图 9-5 添加相关控件，包括两个标签，Caption 分别是“请选择日期：”和“本日安排”；一个 Data 控件 Data1。

通过选择“工程”→“部件”命令，激活“部件”对话框，添加 Microsoft Windows Common Controls-2 6.0(SP4)控件，在工具箱新增的控件中选择 DTPicker 控件在窗体上创建 DTPicker1。这是一个下拉式日历控件，可以提供格式化的日期。

图 9-5　Form2 日程表子界面设计

创建 6 个按钮控件，名称分别是“添加”(CmdTj)、“编辑”(CmdBj)、“删除”(CmdSc)、“返回”(CmdFh)、“确定”(CmdOk)、“取消”(CmdEsc)，其中“确定”和“取消”按钮的

Visible 属性改为 False,即窗体显示时这两个按钮不可见。

创建一个文本框 Text1,设置多行属性,并设置 Locked 属性为 True,即默认不可修改。

在窗体 Form1 和 Form2 的窗体加载事件中,为 Data 控件设置数据库连接代码。

```
'Form1 代码
Private Sub Form_Load()
  Data1.DatabaseName = App.Path & "\" & "tx.mdb"   '设置数据库路径
  Data1.RecordSource = "txl"                       '指定数据表
  Data1.Refresh                                    '刷新数据库访问
End Sub

'Form2 代码
Private Sub Form_Load()
  Data1.DatabaseName = App.Path & "\" & "richeng.mdb"
  Data1.RecordSource = "rc"
  Data1.Refresh
  DTPicker1.Value = Date                       '将下拉式日历控件的默认值设为当前日期
End Sub
```

编程技巧:数据库文件在软件中是跟随执行文件的附加文档,其存放路径决定程序能否找到它并正常打开操作。初学者最容易犯的错误是将这类附加文档的路径设计成固定路径,因为开发者的存盘路径不等于今后用户的安装路径,因而使得程序执行时发生错误。因此,在软件设计中,应该尽可能将附加文档的路径设计成相对于可执行文件的相对路径,即利用 App.Path 函数获取当前可执行文件的安装目录,并将数据文件存放在同一目录中。

(3) 添加第二个子界面窗体 Form3,按图 9-6 添加相关控件。包括 5 个标签,Caption 属性分别是"姓名"、"电话"、"地址"、"邮箱"和"生日"。

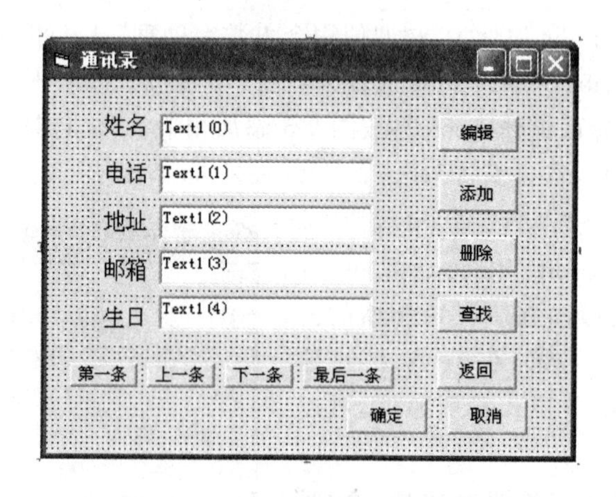

图 9-6 Form3 通讯录子界面设计

创建若干按钮控件,分别是"编辑"(CmdEdt)、"添加"(CmdAdd)、"删除"(CmdDel)、"查找"(CmdSeek)、"返回"(CmdRtn)、"确定"(CmdOk)、"取消"(CmdEsc)、"第一条"

(CmdFst)、“上一条”(CmdUp)、“下一条”(CmdDn)和“最后一条”(CmdLst)。其中“确定”和“取消”按钮的 Visible 属性设置为 False。

创建5个名称为 Text1 的文本框数组控件,Index 序号分别自上而下为0～4。设置它们的 Text 属性为空、Locked 属性为 True。

(4) 添加相关窗体控件代码。

① Form1 主界面相关控件代码如下。

```
'“退出”按钮单击事件
Private Sub CmdExit_Click()
  Unload Me                                       '从内存卸载程序数据
  End                                             '结束运行
End Sub

'“通讯录”按钮单击事件
Private Sub Command1_Click()
  Form3.Show                                      '显示通讯录子界面
  Form1.Hide                                      '隐藏主界面
End Sub

'“日程表”按钮单击事件
Private Sub Command2_Click()
  Form2.Show                                      '显示日程表子界面
  Form1.Hide
End Sub

'当窗体被激活(浮于桌面最上,获得焦点)
Private Sub Form_Activate()
  Label3.Caption = ""                             '清空好友生日提示区
  m = Month(Date)                                 '获得当前月份
  d = Day(Date)                                   '获得当前日期
  Select Case m                                   '按月份取得每月的天数
    Case 1, 3, 5, 7, 8, 10, 12
      n = 31
    Case 4, 6, 9, 11
      n = 30
    Case 2
      n = 28
  End Select
  Data1.Recordset.Sort = "birdate ASCENDING"  '按数据库生日字段 birdate 降序排序
  Do While Not Data1.Recordset.EOF                '当数据库指针未到文件尾时循环
    m1 = Month(Data1.Recordset!birdate)           '读出该记录的月份数据
    d1 = Day(Data1.Recordset!birdate)             '读出该记录的日期数据
    x = (m1 - m) * n + (d1 - d)                   '与当前日期进行比较
    If x >= 0 And x < 7 Then                      '如果是今天以后7天以内的则添加到提示区
      Label3.Caption = Label3.Caption & Trim(Data1.Recordset!Name) _
& " " & m1 & "-" & d1 & vbCrLf
    End If
    Data1.Recordset.MoveNext                      '数据库读指针移向后一条记录
```

```
  Loop
End Sub

'Form1 代码
Private Sub Form_Load()
  Data1.DatabaseName = App.Path & "\" & "tx.mdb"
  Data1.RecordSource = "txl"
  Data1.Refresh
End Sub
```

② Form2 相关控件代码如下。

```
'"返回"按钮单击事件
Private Sub CmdFh_Click()
  Unload Me                                   '从内存卸载本窗体
  Form1.Show                                  '显示主界面
End Sub

'"添加"按钮单击事件
Private Sub CmdTj_Click()
  Data1.Recordset.AddNew                      '创建一条记录
  Text1.Text = ""                             '清空文本框
  Text1.Locked = False                        '去除文本框锁定,可编辑
  Text1.SetFocus                              '将焦点移到文本框中
  CmdTj.Enabled = False                       '将添加、返回、编辑、下拉式日历等控件设为无效
  CmdFh.Enabled = False
  CmdBj.Enabled = False
  DTPicker1.Enabled = False
  CmdEsc.Visible = True                       '将"确定"和"取消"按钮设为可见
  CmdOk.Visible = True
End Sub

'"确定"按钮单击事件
Private Sub CmdOk_Click()
  If Len(Text1.Text) = 0 Then
    MsgBox "日程安排不能为空,否则无法更新!", vbOKOnly, "无法更新"
  Else
    Data1.Recordset!dat = DTPicker1.Value '为数据表 dat 字段赋值
    Data1.Recordset!Memo = Text1.Text     '为数据表 Memo 字段赋值
    Data1.Recordset.Update                '将缓冲区的数据更新到数据库中
    CmdTj.Enabled = True                  '恢复添加、编辑、返回及下拉式日历控件为有效
    CmdBj.Enabled = True
    CmdFh.Enabled = True
    DTPicker1.Enabled = True
    CmdOk.Visible = False                 '将"确定"和"取消"按钮设为隐藏
    CmdEsc.Visible = False
    Text1.Locked = True
    DTPicker1.SetFocus
  End If
End Sub
```

```
'"编辑"按钮单击事件
Private Sub CmdBj_Click()
  Data1.Recordset.Edit                '将数据表中数据复制到缓冲区,等待编辑
                                      '与"确定"按钮中的 Data1.Recordset.Update 语句对应
  Text1.Locked = False                '取消文本框锁定,允许编辑
  Text1.SetFocus
  CmdTj.Enabled = False
  CmdFh.Enabled = False
  CmdOk.Visible = True
  CmdBj.Enabled = False
  CmdEsc.Visible = True
  DTPicker1.Enabled = False           '编辑过程中不允许修改日期
End Sub

'"取消"按钮单击事件
Private Sub CmdEsc_Click()
  CmdOk.Visible = False               '当单击"取消"按钮后,"确定"和"取消"按钮隐藏
  CmdEsc.Visible = False
  Text1.Locked = True                 '文本框被锁定,不允许编辑
  CmdFh.Enabled = True
  DTPicker1.Enabled = True            '下拉式日历控件可用
  DTPicker1.SetFocus                  '焦点移到下拉式日历控件上
End Sub

'"删除"按钮单击事件
Private Sub CmdSc_Click()
  x = 0
  x = MsgBox("确定要删除该信息吗?", vbOKCancel, "确认")
  If x = 1 Then                       '当单击对话框的"确定"按钮时
    Data1.Recordset.Delete            '删除记录
    DTPicker1.SetFocus
  End If
End Sub

'下拉式日历控件改变
Private Sub DTPicker1_Change()
  '查找对应日期的第一条记录
  Data1.Recordset.FindFirst "dat=#" & (DTPicker1.Value) & "#"
  If Data1.Recordset.NoMatch Then     '如果没有结果
    Text1.Text = "今天没有安排!"      '则允许添加,不允许编辑和删除
    CmdTj.Enabled = True
    CmdBj.Enabled = False
    CmdSc.Enabled = False
  Else                                '否则显示安排内容
    Text1.Text = Data1.Recordset.Fields("memo")
    CmdTj.Enabled = False             '不允许添加,但允许编辑和删除
    CmdBj.Enabled = True
    CmdSc.Enabled = True
```

```
  End If
End Sub

'当下拉式日历控件获得焦点
Private Sub DTPicker1_GotFocus()
  Call DTPicker1_Change                    '调用下拉式日历控件改变事件处理模块代码
End Sub

Private Sub Form_Load()
  Data1.DatabaseName = App.Path & "\" & "richeng.mdb"
  Data1.RecordSource = "rc"
  Data1.Refresh
  DTPicker1.Value = Date
End Sub

'当子窗体被卸载,则显示主窗体
Private Sub Form_Unload(Cancel As Integer)
  Form1.Show
End Sub
```

③ Form3 相关控件代码如下。

```
'数据显示模块,分别用文本数组的成员显示各字段数据
Private Sub Xs()
  Text1(0) = Form1.Data1.Recordset!Name
  Text1(1) = Form1.Data1.Recordset!tel
  Text1(2) = Form1.Data1.Recordset!addr
  Text1(3) = Form1.Data1.Recordset!email
  Text1(4) = Form1.Data1.Recordset!birdate
  For i = 0 To 4
    Text1(i) = Trim(Text1(i))              '清除文本框前后的空格
  Next
End Sub

'记录完全删除后界面处理模块,用于文本框和按钮状态设置
'清除文本框内容,除了"添加"按钮外,其他的都不可用
Private Sub Cs()
  For i = 0 To 4
    Text1(i).Text = ""
  Next
  CmdDel.Enabled = False
  CmdSeek.Enabled = False
  CmdEdt.Enabled = False
  CmdFst.Enabled = False
  CmdUp.Enabled = False
  CmdDn.Enabled = False
  CmdLst.Enabled = False
  CmdAdd.Enabled = True
End Sub
```

```
'按钮状态设置模块,禁用"常规"按钮,显示"确定"和"取消"按钮
Private Sub CmdEb()
  CmdEdt.Enabled = False
  CmdAdd.Enabled = False
  CmdDel.Enabled = False
  CmdSeek.Enabled = False
  CmdRtn.Enabled = False
  CmdFst.Enabled = False
  CmdUp.Enabled = False
  CmdDn.Enabled = False
  CmdLst.Enabled = False
  CmdOk.Visible = True
  CmdEsc.Visible = True
End Sub

'按钮状态设置模块,启用"常规"按钮,隐藏"确定"和"取消"按钮
Private Sub CmdNb()
  CmdEdt.Enabled = True
  CmdAdd.Enabled = True
  CmdDel.Enabled = True
  CmdSeek.Enabled = True
  CmdRtn.Enabled = True
  CmdFst.Enabled = True
  CmdUp.Enabled = True
  CmdDn.Enabled = True
  CmdLst.Enabled = True
  CmdOk.Visible = False
  CmdEsc.Visible = False
End Sub

'"添加"按钮单击事件
Private Sub CmdAdd_Click()
  Call CmdEb                          '调用禁用"常规"按钮模块
  For i = 0 To 4                      '解除文本框锁定并清空
    Text1(i).Locked = False
    Text1(i).Text = ""
  Next
  Form1.Data1.Recordset.AddNew        '添加新记录
  Text1(0).SetFocus                   '光标移到第一条文本框
End Sub

'"取消"按钮单击事件
Private Sub CmdEsc_Click()
  Call CmdNb                          '调用启用"常规"按钮模块
  For i = 0 To 4                      '锁定文本框,禁止编辑
    Text1(i).Locked = True
  Next
  Form1.Data1.Recordset.CancelUpdate '放弃新记录
  Call Form_Activate                  '更新记录显示
```

```
End Sub

'"删除"按钮单击事件
Private Sub CmdDel_Click()
  CmdEdt.Enabled = False
  CmdAdd.Enabled = False
  CmdDel.Enabled = False
  CmdSeek.Enabled = False
  x = 0
  x = MsgBox("确定要删除该信息吗?", vbOKCancel, "确认")
  If x = 1 Then
    Form1.Data1.Recordset.Delete
    '假如数据表中记录数大于等于 1
    If Form1.Data1.Recordset.RecordCount >= 1 Then
      Form1.Data1.Recordset.MovePrevious          '记录指针向前移动一条
      Call CmdDn_Click                  '调用"下一条"按钮
    Else
      Call Cs                           '否则如果记录删空,则调用 Cs 模块
      Exit Sub                          '退出当前模块
    End If
  End If
  CmdEdt.Enabled = True
  CmdAdd.Enabled = True
  CmdDel.Enabled = True
  CmdSeek.Enabled = True
End Sub

'"返回"按钮单击事件
Private Sub CmdRtn_Click()
  Unload Me
  Form1.Show
End Sub

'"查找"按钮单击事件
Private Sub CmdSeek_Click()
  Dim xm As String
  x = 1
  Do
a1:
    '显示输入对话框,接收姓名输入
    xm = InputBox("请输入要查找的姓名:", "查找")
    Form1.Data1.Recordset.FindFirst "name='" & xm & "'"     '此句为找到满足条件的记录
    If xm = "" Then                                          '假如没有输入
      x = MsgBox("放弃查找?", vbYesNo, "提示")
      '确认放弃查找,则结束循环,不然跳转到 a1 标号
      If x = 6 Then Exit Do Else GoTo a1
    End If
    If Form1.Data1.Recordset.NoMatch Then                    '若没找到
      MsgBox "无此姓名,请重新输入!", vbOKOnly, "查找失败"
```

```
    Else
      Call Xs                                        '显示查找到的信息
      Exit Do                                        '跳出循环
    End If
  Loop
End Sub

'"编辑"按钮单击事件
Private Sub CmdEdt_Click()
  Call CmdEb
  For i = 0 To 4
    Text1(i).Locked = False
  Next
  Form1.Data1.Recordset.Edit
End Sub

'"确定"按钮单击事件
Private Sub CmdOk_Click()
  If Not IsDate(Text1(4).Text) Then
   MsgBox "输入日期格式不对!", vbExclamation, "日期格式错误"
   Text1(4).SetFocus
   Text1(4).SelStart = 0
   Text1(4).SelLength = Len(Text1(4).Text)
   Exit Sub
  End If
  Call CmdNb
  For i = 0 To 4
    Text1(i).Locked = True
  Next
  Form1.Data1.Recordset!Name = Text1(0)
  Form1.Data1.Recordset!tel = Text1(1)
  Form1.Data1.Recordset!addr = Text1(2)
  Form1.Data1.Recordset!email = Text1(3)
  Form1.Data1.Recordset!birdate = Text1(4)
  Form1.Data1.Recordset.Update
  Form1.Data1.Recordset.FindFirst "name='" & Text1(0) & "'"
End Sub

'"第一条"按钮单击事件
Private Sub CmdFst_Click()
  Form1.Data1.Recordset.MoveFirst
  Call Xs
End Sub

'"上一条"按钮单击事件
Private Sub CmdUp_Click()
  Form1.Data1.Recordset.MovePrevious
  If Form1.Data1.Recordset.BOF = True Then Form1.Data1.Recordset.MoveFirst
  Call Xs
```

```
End Sub

'"下一条"按钮单击事件
Private Sub CmdDn_Click()
  Form1.Data1.Recordset.MoveNext
  If Form1.Data1.Recordset.EOF = True Then Form1.Data1.Recordset.MoveLast
  Call Xs
End Sub

'"最后一条"按钮单击事件
Private Sub CmdLst_Click()
  Form1.Data1.Recordset.MoveLast
  Call Xs
End Sub

Private Sub Form_Activate()
  If Form1.Data1.Recordset.RecordCount < 1 Then
    Call Cs
  Else
    Call Xs
  End If
End Sub

Private Sub Form_Unload(Cancel As Integer)
  Form1.Show
End Sub
```

编程技巧：在 Windows 应用程序中，因为 Windows 多任务机制的存在，所以当一个控件执行操作的时候，为避免其他控件被用户误操作而对前一个控件操作造成影响，所以需要用一定的代码将其他控件禁用掉。这个项目中，当用户单击"添加"按钮或其他按钮的时候就将其他按钮禁用了，操作完毕后再予以恢复。

(5) 利用 MS Access 创建数据库 tx. mdb，其中创建一张数据表 txl 的结构如图 9-7 所示。

txl : 表

字段名称	数据类型	说明
name	文本	字段大小为20
birdate	日期/时间	
tel	文本	字段大小为20
addr	文本	字段大小为50
email	文本	字段大小为50

图 9-7　数据表 txl 的结构

再创建数据库 richeng. mdb，其中数据表 rc 的结构如图 9-8 所示。

(6) 输入代码后调试运行，分别输入通讯录和日程表信息，完成项目。

【任务作业】

(1) 增加通讯录的数据字段数量，修改程序，实现对更多内容通讯录的管理和查询。

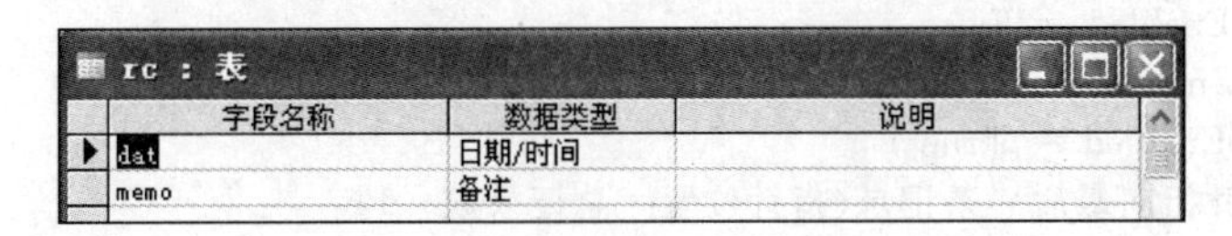

图 9-8 数据表 rc 的结构

(2) 能否在日程管理中增加一个截止日期字段，在起始日期和截止日期之间显示备注信息，而过了截止日期后自动删除该记录。编程实现该设想。

任务 9.3 “个人数字助理”人机交互界面的完善

【任务目标】

1. 学习软件开发中人机交互界面的设计技巧。
2. 掌握数据库记录指针定位的相关语句和应用。

1. 任务情景描述

在数据库应用中，实现前后记录的翻页显示。例如，在通讯录中如果记录显示到最后一条，则“下一条”及“最后一条”按钮应该是无效的，用户就不会继续单击；同样，“第一条”和“上一条”按钮在记录显示到第一条时应该无效；数据库中无记录时这些按钮都应该无效。

完善该功能，以更好地满足用户需要。

2. 设计思路

通常可以编写一个检测模块，检测记录指针在数据库中读取的位置，并做出判断，决定 4 个翻页按钮的有效性，添加到窗体 Form3 代码中。

3. 实训内容

在窗体 Form3 中添加检测模块代码。

```
'检测数据指针位置,决定翻页按钮有效性模块
Sub ChkBtn()
  '当数据表无记录时
  If Form1.Data1.Recordset.RecordCount < 1 Then
    CmdFst.Enabled = False
    CmdUp.Enabled = False
    CmdDn.Enabled = False
    CmdLst.Enabled = False
  '当数据指针指向第一条记录(指针位置 AbsolutePosition = 0)
  ElseIf Form1.Data1.Recordset.AbsolutePosition = 0 Then
    CmdFst.Enabled = False
```

```
        CmdUp.Enabled = False
        CmdDn.Enabled = True
        CmdLst.Enabled = True
    '当数据指针指向最后一条记录(指针位置=总记录数 - 1)
    ElseIf Form1.Data1.Recordset.AbsolutePosition = _
Form1.Data1.Recordset.RecordCount - 1 Then
        CmdFst.Enabled = True
        CmdUp.Enabled = True
        CmdDn.Enabled = False
        CmdLst.Enabled = False
    Else
        CmdDn.Enabled = True
        CmdLst.Enabled = True
        CmdFst.Enabled = True
        CmdUp.Enabled = True
    End If
End Sub
```

修改窗体 Form3 中的过程 Xs,添加代码调用 ChkBtn 模块。

```
Private Sub Xs()
    Text1(0) = Form1.Data1.Recordset!Name
    Text1(1) = Form1.Data1.Recordset!tel
    Text1(2) = Form1.Data1.Recordset!addr
    Text1(3) = Form1.Data1.Recordset!email
    Text1(4) = Form1.Data1.Recordset!birdate
    For i = 0 To 4
        Text1(i) = Trim(Text1(i))
    Next
    ChkBtn                                              '新添代码
End Sub
```

任务 9.4 "个人数字助理"状态栏设计与应用

【任务目标】

1. 巩固状态栏的设计方法,熟悉数据库应用系统开发中状态栏的功能和应用。
2. 学习进一步完善应用程序界面,满足人们的需要。

1. 任务情景描述

在很多软件中,通过状态栏来显示应用程序的工作状态,是一项很好的人机交互模式。状态栏可以分几个显示区,分别显示软件不同的参数,用于向用户提示。如 MS Word 的状态栏显示光标的位置、页号/总页数、改写/插入状态等。

当通讯录记录的数据比较多时,用户肯定想知道当前记录在总记录数中的相对位置,因此有必要给它加上状态栏。

2. 实训内容

(1) VB 的状态栏(StatusBar)是通过扩展控件 Microsoft Windows Common Controls 6.0 (SP6)实现的。首先选择“工程”→“部件”命令，打开“部件”对话框，找到并选中该控件，确定后在 VB 工具栏中出现状态栏控件，如图 9-9 所示。

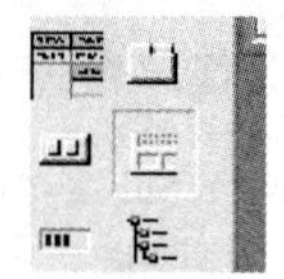

图 9-9　状态栏(StatusBar)扩展控件

在窗体界面上添加状态栏控件，名称为 StatusBar1，如图 9-10 所示。

右击状态栏，打开“属性页”对话框，选中“窗格”选项卡，如图 9-11 所示。

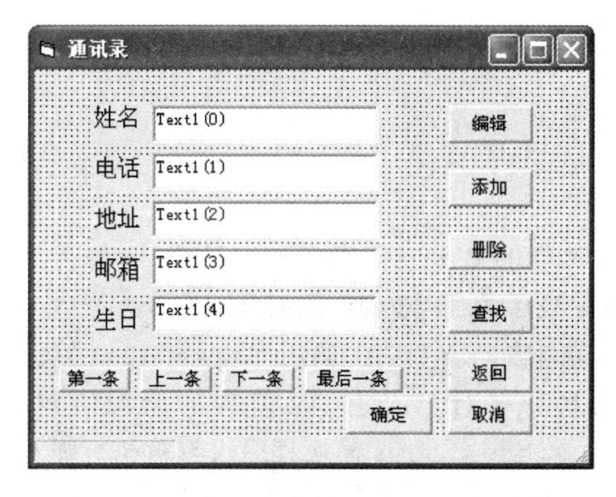

图 9-10　添加了状态栏后的通讯录子窗体

属性页

通用　窗格　字体　图片

索引(I): 1　插入窗格(N)　删除窗格(R)

文本(T):

工具提示文本(X):

关键字(K):　最小宽度(W): 1440.00

标记(G):　实际宽度(C): 1440.00

对齐(M): 0 - sbrLeft　图片

样式(S): 0 - sbrText　浏览(O)...

斜面(B): 1 - sbrInse　无图片(P)

自动调整大小(U): 0 - sbrNoAu　有效(E)　可见(V)

确定　取消　应用(A)　帮助

图 9-11　状态栏控件的“属性页”对话框

单击“插入窗格”增加一个窗格，现在状态栏有了两个窗格，用其中一个窗格显示当前通讯录的序号，另一个窗格显示数据库中总记录数。

(2) 创建状态栏显示模块代码如下。

```
Sub ShowStatus()
  StatusBar1.Panels(1) = "第" & Form1.Data1.Recordset.AbsolutePosition + 1 & "条记录"
  StatusBar1.Panels(2) = "共" & Form1.Data1.Recordset.RecordCount & "条记录"
End Sub
```

(3) 修改窗体 Form3 中的 Xs 模块,添加状态栏显示模块的调用语句。

```
Private Sub Xs()
  Text1(0) = Form1.Data1.Recordset!Name
  Text1(1) = Form1.Data1.Recordset!tel
  Text1(2) = Form1.Data1.Recordset!addr
  Text1(3) = Form1.Data1.Recordset!email
  Text1(4) = Form1.Data1.Recordset!birdate
  For i = 0 To 4
    Text1(i) = Trim(Text1(i))
  Next
  ChkBtn
  ShowStatus                                        '新添代码
End Sub
```

(4) 试运行程序,应该能够显示记录顺序和记录数,但程序并不完善,因为删除完所有记录后状态栏上还留下最后的显示内容,如何处理呢?

最容易想到的就是在删除记录模块中调用 ShowStatus 模块。检查这个删除记录模块后会发现,该模块的最后一行已经有 Xs 模块的调用语句,而 Xs 模块中调用了 ShowStatus 模块,那为什么 ShowStatus 模块程序没有被执行呢?

仔细查看如下程序。

```
'"删除"按钮单击事件
Private Sub CmdDel_Click()
  '…… 此处略
    Else                    '当记录被删空则调用 Cs 模块
      Call Cs
      Exit Sub              '退出当前模块,不再执行 Call Xs 语句
    End If
  '…… 此处略
  Call Xs                   '此处调用了 Xs 模块,因此间接调用了 ShowStatus 模块
End Sub
```

程序中 Call Xs 语句存在于 Exit Sub 语句之后,当记录被删空时,导致 Call Xs 语句被忽略。

找到原因后,只要调整 Call Xs 语句的位置,即可解决问题。

```
'"删除"按钮单击事件
Private Sub CmdDel_Click()
  '…… 此处略
  If x = 1 Then
    Form1.Data1.Recordset.Delete
    Call Xs                 '调整后的位置,当记录被删除后,进行状态栏更新
```

```
    '假如数据表中记录数大于等于 1
    If Form1.Data1.Recordset.RecordCount >= 1 Then
  '…… 此处略
End Sub
```

当修改到这里进行调试时会发现，程序在 Xs 模块中出错了，原因是记录被删除完后，语句 Text1(0) = Form1. Data1. Recordset! Name 等将会出错，要避免这样的错误，必须在 Xs 模块中添加记录数判断，修改完善的 Xs 模块程序代码如下。

```
'数据显示模块,分别用文本数组的成员显示各字段数据
Private Sub Xs()
  If Form1.Data1.Recordset.RecordCount > 0 Then              '新添判断语句
    Text1(0) = Form1.Data1.Recordset!Name
    Text1(1) = Form1.Data1.Recordset!tel
    Text1(2) = Form1.Data1.Recordset!addr
    Text1(3) = Form1.Data1.Recordset!email
    Text1(4) = Form1.Data1.Recordset!birdate
  End If
  For i = 0 To 4
    Text1(i) = Trim(Text1(i))                                '清除文本框前后的空格
  Next
  ChkBtn
  ShowStatus
End Sub
```

至此，程序能够正常运行。

编程技巧：在 VB 程序的编写中，程序调试是一项细心的工作，千万不要因为偶尔的出错，就放弃工作。而应该仔细分析程序出错原因，找出错误点，必要时采取单步跟踪、设置标志性代码等措施来跟踪程序运行的过程。培养良好的程序调试技能，比编写程序更不容易。清晰的程序标注和良好的程序编辑格式是程序修改和调试的重要基础。

【任务作业】

根据本任务的基本方法，将以前所学的用随机文件来记录学生成绩的信息系统改编成用数据库存储学生成绩的管理系统。

项目小结

数据库是用来管理大量数据的重要工具，VB 对数据库的支持能力很强，又善于编写人机交互界面，因此在实践工作中被大量用于开发管理系统软件，在企业中广泛应用。

采用 Data 控件进行数据库管理和操作，对于单机版软件设计来说是相当便利的，相对工程量也较小。但当网络普及后，网络版软件要求进行远程数据库访问，此时 Data 控件就不能满足需要了。在下个项目中将学习更多的数据库操作方法。

项目 10　学生信息管理系统软件编程

项目目的

通过该项目的实训，要求学生掌握 VB 程序设计的更多种数据库访问模式及其基本方法和相关语句；学习 SQL 语句在 VB 中的基本应用，通过完整的学生信息管理系统开发实训学会开发较为复杂的管理信息系统软件；掌握子窗体程序的设计和编程；掌握 MsFlexGrid 表格控件的基本应用和编程。

项目要求

基本要求：利用 VB 数据库访问技术 DAO(Database Access Object)等数据库编程技术，开发学生信息管理系统。要求该系统具备基本的数据管理功能，包括记录添加、删除、修改等功能，实现学校学生信息的计算机管理功能。

拓展要求：完善数据管理软件的界面功能，增加数据汇总统计等功能。

任务 10.1　必备知识与理论

【任务目标】

1. 掌握 VB 数据操作相关 SQL 语句。
2. 熟悉更多 VB 数据库访问技术。

10.1.1　SQL 常用语句

1. Select 语句

(1) 常用格式

Select 待选字段表(或函数)from 表名 [where 查询条件] [order by 排序字段名[asc|desc]]

(2) 功能和说明

常用格式给出了 Selcet 语句的主要选项框架。

① 待选字段表：是语句中所要查询的数据表字段表达式的列表，多个字段表达式必须用逗号隔开。如果选取的是需要加工处理的字段表达式，那么字段表达式可以使用函数，如 AVG(求平均值)、SUM(求和)等。

② 表名：是语句中查询涉及的数据表，多个表必须用逗号隔开。

③ 查询条件：是语句的筛选条件，如果是从单一表文件中提取数据，此查询条件表示筛选记录的条件；如果是从多个表文件中提取数据，那么此查询条件除了筛选记录的条件外，还应加上多个表文件的连接条件。

④ 排序字段名：该语句中有此项则对查询结果进行排序。asc 表示按字段升序排序，desc 表示按字段降序排序。省略该选项，则按各记录在数据表中原先的先后次序排列。

2. Insert 语句

(1) 常用格式

Insert into ＜表名＞ [(＜属性列 1＞[,＜属性列 2＞...]) values (＜常量 1＞ [,＜常量 2＞]...)

(2) 功能和说明

将数据值(values 子句)添加到目标表(insert into 子句)中。如果某些属性列在 insert into 子句中没有出现，则新记录在这些列上将取空值。但必须注意的是：在表定义时说明了是必填字段的属性列不能取空值，否则会出错。

3. Update 语句

(1) 常用格式

Update ＜表名＞ set ＜列名＞=＜表达式＞[,＜列名＞=＜表达式＞...] [where ＜条件＞]

(2) 功能和说明

修改指定表中满足 where 子句条件的记录。其中 set 子句用于指定修改方法，即用＜表达式＞的值取代相应的属性列值。如果省略 where 子句，则表示要修改表中的所有记录。

4. Delete 语句

(1) 常用格式

Delete from ＜表名＞ [where＜条件＞]

(2) 功能和说明

从指定表中删除满足 where 子句条件的所有元组。如果省略 where 子句，表示删除表中全部元组，但表的定义仍在字典中。也就是说，where 语句删除的是表中的数据，而不是关于表的定义。

10.1.2 多种数据库访问技术实例

创建一个 MDB 数据库，其中数据表名为“成绩表”，包括的字段有“姓名”、“性别”、“语文”、“数学”和“英语”。

创建一个窗体，在部件中找到并添加 MSFlexGrid 控件，修改表格控件的列数为 5 列，并创建 4 个单选按钮，界面如图 10-1 所示。

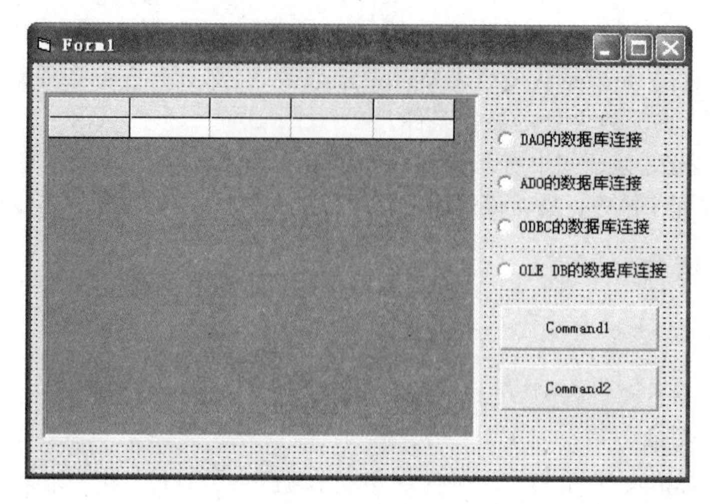

图 10-1 多种数据库访问技术实例窗口界面

添加以下代码。

```
'整个程序功能是选择不同的数据库连接方式来进行显示，4 种方式显示效果完全相同
'下面是主程序过程
Private Sub Command1_Click()
  Dim selitem As Integer
  '判断连接数据库的方式
  If Option1.Value = True Then
    selitem = 1
  ElseIf Option2.Value = True Then
    selitem = 2
  ElseIf Option3.Value = True Then
    selitem = 3
  Else
    selitem = 4
  End If

  '选取不同的数据库连接方式
  Select Case selitem
  Case 1:
    '使用 DAO 的数据库连接方式
    Call ShowByDAO
  Case 2:
    '使用 ADO 的数据库连接方式
    Call ShowByADO
  Case 3:
    '使用 ODBC 的数据库连接方式
    Call ShowByODBC
  Case 4:
    '使用 OLE DB 的数据库连接方式
    Call ShowByOLE DB
  End Select
```

```
End Sub

Private Sub ShowByDAO()
  '使用 DAO 的数据库连接方式
  Dim db As Database
  Dim rs As Recordset
  Dim sqlstr$ '存放查询语句
  Set db = OpenDatabase(App.Path & "db1.mdb")
  sqlstr = "select * from 成绩表"
  Set rs = db.OpenRecordset(sqlstr)
  '显示结果
  Call GridShow(rs)
End Sub

Sub ShowByADO()
  Dim conn As New ADODB.Connection
  Dim rs As New ADODB.Recordset
  '使用数据源来连接数据库
  conn.Open "dsn=data"
  rs.CursorType = adOpenKeyset
  rs.LockType = adLockOptimistic
  rs.Open "select * from 成绩表", conn
  Call GridShowOfADO(rs)
End Sub

Sub ShowByODBC()
  Dim conn As New ADODB.Connection
  Dim rs As New ADODB.Recordset
  '使用数据源来连接数据库
  conn.Open "Provider=MSDASQL.1;Persist Security Info=False;Data Source=data"
  rs.Open "select * from 成绩表", conn
  '显示结果
  Call GridShowOfADO(rs)
End Sub

Sub ShowByOLEDB()
  Dim conn As New ADODB.Connection
  Dim rs As New ADODB.Recordset
  '使用数据源来连接数据库
  conn.Open "Provider=Microsoft.Jet.OLE DB.4.0;Data Source=" + App.Path & "db1.mdb" +
";Persist Security Info=False"
  rs.Open "select * from 成绩表", conn
  '显示结果
  Call GridShowOfADO(rs)
End Sub

Sub GridShow(rs As Recordset)
  '对 DAO 方式进行显示工作
  MSFlexGrid1.TextMatrix(0, 0) = "姓名"
```

```
    MSFlexGrid1.TextMatrix(0, 1) = "性别"
    MSFlexGrid1.TextMatrix(0, 2) = "语文"
    MSFlexGrid1.TextMatrix(0, 3) = "数学"
    MSFlexGrid1.TextMatrix(0, 4) = "英语"
    rs.MoveLast
    MSFlexGrid1.Rows = rs.RecordCount + 1          '将表格的行数设置成记录数+1
    MSFlexGrid1.Cols = rs.Fields.Count             '获得数据表字段数量
    Dim i%
    i = 1
    rs.MoveFirst
    While (Not rs.EOF)
        MSFlexGrid1.TextMatrix(i, 0) = rs.Fields(0)
        MSFlexGrid1.TextMatrix(i, 1) = rs.Fields(1)
        MSFlexGrid1.TextMatrix(i, 2) = rs.Fields(2)
        MSFlexGrid1.TextMatrix(i, 3) = rs.Fields(3)
        MSFlexGrid1.TextMatrix(i, 4) = rs.Fields(4)
        rs.MoveNext
        i = i + 1
    Wend
End Sub

Sub GridShowOfADO(rs As ADODB.Recordset)
    '对 ADO 方式进行显示工作
    MSFlexGrid1.TextMatrix(0, 0) = "姓名"
    MSFlexGrid1.TextMatrix(0, 1) = "性别"
    MSFlexGrid1.TextMatrix(0, 2) = "语文"
    MSFlexGrid1.TextMatrix(0, 3) = "数学"
    MSFlexGrid1.TextMatrix(0, 4) = "英语"
    '注意 recordcount 属性必须在当前记录指针在最后一条记录时才会返回正确的值
    rs.MoveLast
    MSFlexGrid1.Rows = rs.RecordCount + 1
    MSFlexGrid1.Cols = rs.Fields.Count
    Dim i%
    i = 1
    rs.MoveFirst
    While (Not rs.EOF)
        MSFlexGrid1.TextMatrix(i, 0) = rs.Fields(0)
        MSFlexGrid1.TextMatrix(i, 1) = rs.Fields(1)
        MSFlexGrid1.TextMatrix(i, 2) = rs.Fields(2)
        MSFlexGrid1.TextMatrix(i, 3) = rs.Fields(3)
        MSFlexGrid1.TextMatrix(i, 4) = rs.Fields(4)
        rs.MoveNext
        i = i + 1
    Wend
End Sub

Private Sub Command2_Click()
    End
End Sub
```

【任务作业】

(1) 根据任务 10.1 中的多种数据库访问技术实例程序编写一个 MDB 数据表浏览程序,自动判断数据表中的字段数量来定义表格的栏数,用 rs. Fields(i). Name 来获取字段的名称。

(2) 试比较不同数据库访问方式的基本特点,记住其使用格式。

任务 10.2 学生信息管理系统开发设计——数据结构、界面设计

【任务目标】

1. 学习信息管理系统中数据库结构的基本设计方法。
2. 掌握 Windows 应用程序的子窗体设计方法。
3. 掌握 Windows 应用程序子窗体菜单的设计、管理方法。

1. 任务情景描述

(1) 数据库应用软件中,不可避免地要涉及多个数据表甚至数据库的访问和操作,由于多个数据表的存在,经常会产生数据冗余现象。

比如在数据表“学生基本信息”中会有“学生姓名”项,在“学生选课”数据表中也可能会有“学生姓名”项,此时就发生了数据冗余。在这样的数据库应用软件中,因数据冗余的存在,就可能会发生数据操作的错误。比如某学生因故改名了,在学生基本信息库中应由学生管理部门将其姓名改了,但学生选课数据表由教务部门管理,因为没有及时得到改名通知而未及时将该学生姓名改过来。此时,虽然是同一套信息管理系统,但同一个人却因为改名而发生姓名不吻合的情况。

为此,数据库管理系统的设计,通常需要定义一个主关键字,用于尽可能消除数据冗余现象。

学生信息管理系统中,如果在“学生基本信息”数据表中,给每个学生分配一个唯一的编码,如学号,在学号与姓名之间就存在一个唯一的对应关系,在这个数据表中学号是唯一的,被称为主关键字;而在“学生选课”数据表中,不再记录学生的姓名,只使用学生学号为某学生选课的记录索引,由于一个学生的学号是固定的,可以从学生基本信息表中查到该学生的姓名,由于一个学生可以同时选多门课程,此时学号在该表中可以出现多次,把这类字段名称称为次关键字。

在学生信息管理系统中,不仅要管理学生的基本信息(包括姓名、性别、住址、电话、生日等),而且要管理学生的选课及成绩信息。

为了使得系统能正常工作,而且避免出现可能的冗余,因此需要周密设计数据库中的相关数据表。

本任务的工作内容之一就是设计好数据库的数据结构。

(2) 在管理系统中，为了界面的美观，可以在主窗体中，建立子窗体来运行各个子功能模块，以方便用户的使用和操作。

本任务的工作重点之二是按子窗体模式，设计软件界面，并为软件设计制作工作菜单。

2. 设计思路

上一个项目采用的 Data 控件，这给程序的设计带来了一定的便利。但在很多情况下，采用专门的控件会给程序运行带来麻烦，比如软件安装包制作过程中，必须考虑控件的分发问题，在网页编程中，由于安全性问题，很多控件是禁止运行的，因此有必要采用取代控件的数据库访问模式。

DAO 数据访问接口 DAO 是一种最接近于 Data 控件的便于初学者学习的数据库访问模式。这种模式建立在数据库资源和应用层之间，无须编程者对数据库访问技术有太多的了解，也无须了解数据源类型，即可编写清晰的数据库访问语句，进行数据库操作；同时支持 SQL 查询语句，提供较高效率的数据库查询，因此在很多高级语言中得以应用。

学生信息管理系统数据量可以很大，把学生相关的学籍、成绩等信息包容其中；也可以很小，仅对部分信息进行管理。因此类似学生信息管理系统的信息系统可以采用 DAO 数据库访问模式，便于使用者根据信息量大小，选择不同的数据库，而无须对编程语句进行大规模的修改。这在网站编程上最为常见，很多网站模板可以任意选择 SQL 数据库或 Access 数据库，而无须修改大量的代码，仅需对数据库连接方式进行个别语句的修改即可。

学生信息管理系统采用 DAO 模式或 ADO 模式(ActiveX Data Objects)与 Access 数据库的数据源建立连接，采用 SQL 语句对数据进行访问，实现信息系统的基本操作，软件界面如图 10-2 所示。

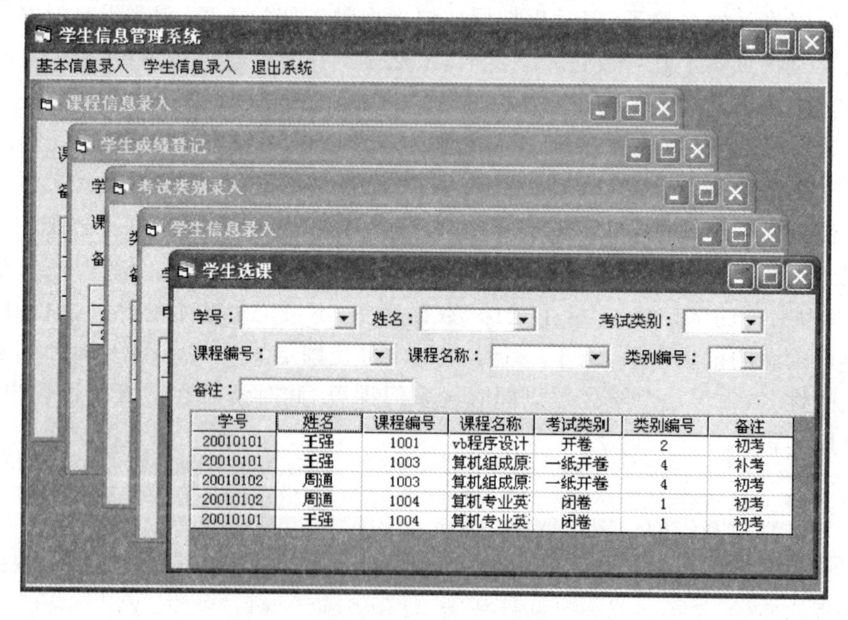

图 10-2 学生信息管理系统软件界面

(1) 首先使用 Access 建立一张数据表,用于记录学生的基本信息,数据字典如表 10-1 所示。

表 10-1 学生基本信息表

数据库文件名	xsgl. mdb	数 据 表 名		Std_info
序号	字段名称	数据类型	数据长度	说明
1	学号	文本	8	主关键字
2	姓名	文本	8	
3	性别	文本	2	
4	出生日期	日期/时间		
5	电话	文本	20	
6	住址	文本	50	
7	邮政编码	文本	6	

再添加一张成绩表,用于记录该学生的选课成绩,数据字典如表 10-2 所示。

表 10-2 学生成绩表

数据库文件名	xsgl. mdb	数 据 表 名		Credit
序号	字段名称	数据类型	数据长度	说明
1	学号	文本	8	次关键字
2	课程编号	文本	4	次关键字
3	考试类别	文本	1	次关键字
4	成绩	文本	4	
5	备注	文本	50	

另外创建课程信息表和考试类别信息表,如表 10-3 和表 10-4 所示。

表 10-3 课程信息表

数据库文件名	xsgl. mdb	数 据 表 名		Course
序号	字段名称	数据类型	数据长度	说明
1	课程编号	文本	4	主关键字
2	课程名称	文本	20	
3	备注	文本	50	

表 10-4 考试类别信息表

数据库文件名	xsgl. mdb	数 据 表 名		TestType
序号	字段名称	数据类型	数据长度	说明
1	类别编号	文本	1	主关键字
2	考试类别	文本	8	
3	备注	文本	50	

因篇幅关系,这个实训中不再管理系别、班级等信息,如有兴趣,可以自行编程设计。

(2) 系统将设计一个窗口用于课程信息、考试类别信息等基本信息的录入,再设计一个窗口用于学生基本信息的录入，第 3 个窗口用于学生选课信息和成绩的录入，第 4 个窗口用于成绩的汇总统计。

3. 实训内容

(1) 主界面。选择“工程”→“添加 MDI 窗体”命令创建一个多文档界面窗体 MDIForm1，修改窗体标题为“学生信息管理系统”，并创建菜单如表 10-5 所示。

表 10-5 学生信息管理系统主界面菜单内容

一级菜单标题	一级菜单名称	二级菜单标题	二级菜单名称
基本信息录入	jbxx		
		课程信息录入	Kcxx
		考试类别录入	Kslb
学生信息录入	xsxx		
		学生基本信息	Xsjbxx
		学生选课	Xsxk
		学生成绩登记	Xscj
退出系统	tcxt		

学生信息管理系统主窗体界面设计效果如图 10-3 所示。

图 10-3 “学生信息管理系统”主界面

(2) 子窗体。多文档界面窗体中可以包含若干子窗体，子窗体的创建十分简单，只要将新创建窗体的 MDIChild 属性修改为 True 即可。

先将工程新建时创建的窗体 Form1 的 MDIChild 属性修改为 True，然后分别创建 Form2～Form5 共 4 个窗体，分别将 MDIChild 属性修改为 True。Form1～Form5 的 Caption 属性分别为“课程信息录入”、“考试类别录入”、“学生基本信息”、“学生选课”和“学生成绩登记”，如图 10-4～图 10-8 所示。

(3) 数据库创建。根据表 10-1～表 10-4 创建数据库。数据库名称、数据表名称及数据表结构如表中所列。数据库文件创建后，复制到工程文件夹下备用。

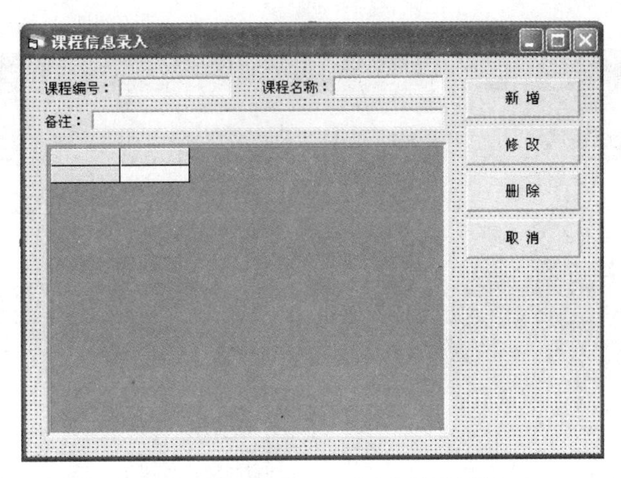

图 10-4　“课程信息录入”子窗体设计界面

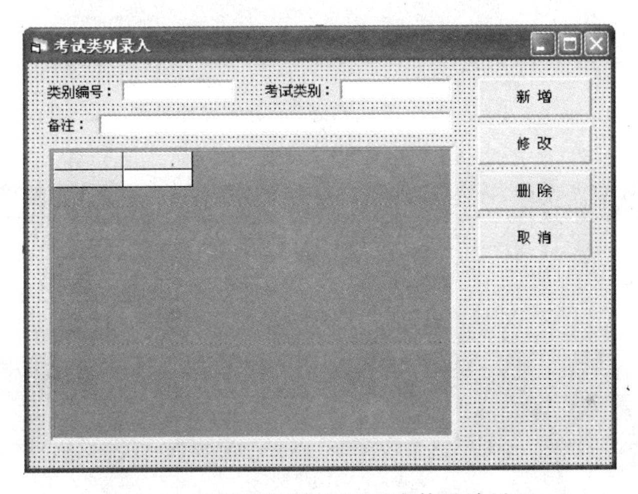

图 10-5　“考试类别录入”子窗体设计界面

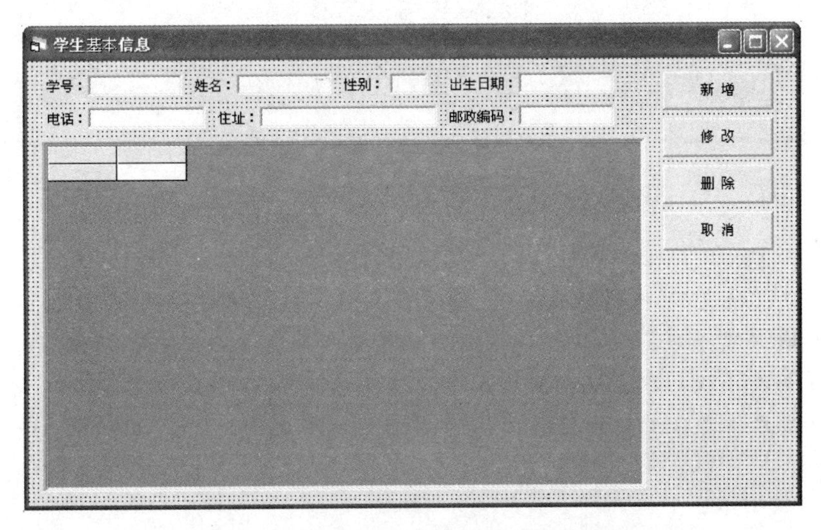

图 10-6　“学生基本信息”子窗体设计界面

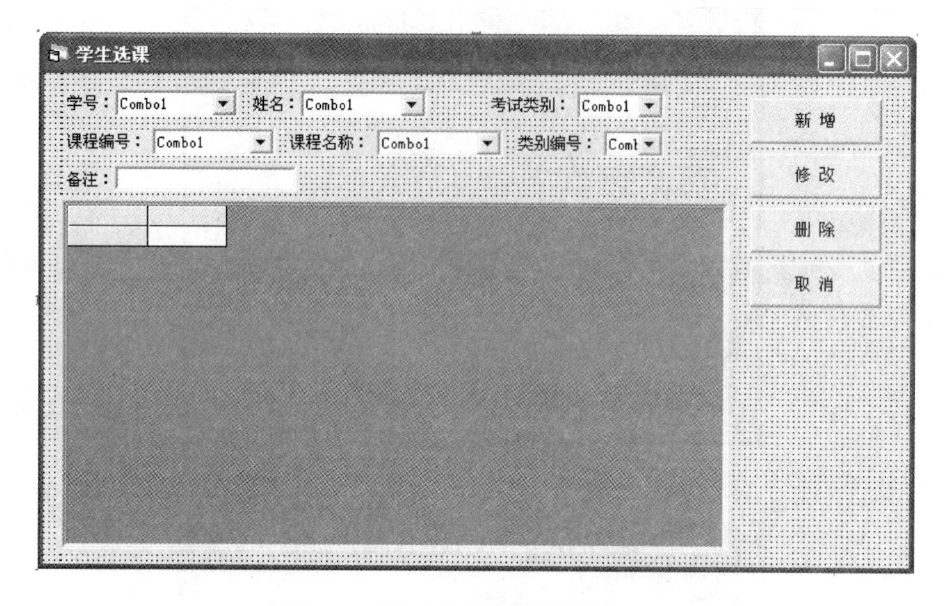

图 10-7 “学生选课”子窗体设计界面

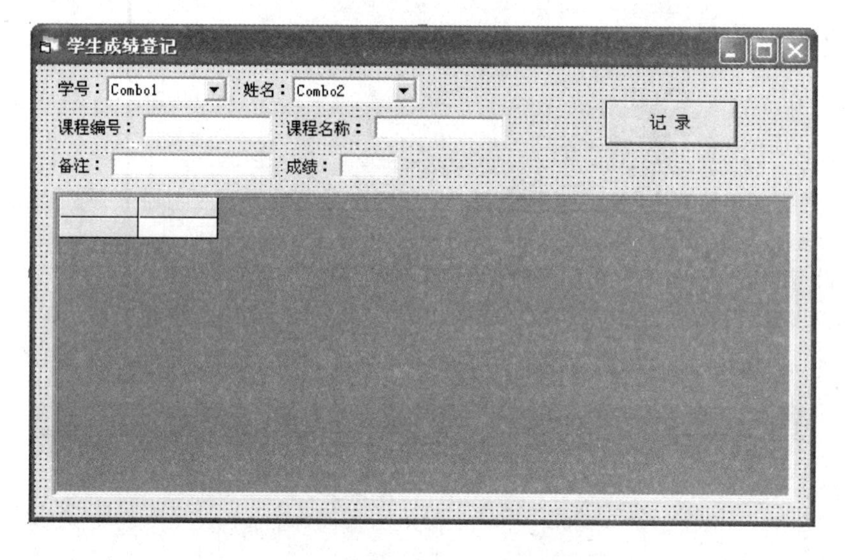

图 10-8 “学生成绩登记”子窗体设计界面

【任务作业】

(1) 在默认情况下，子窗体显示时，大小都是固定的，即使设计时有意识地拉大窗口，但子窗体被激活显示后，它的宽高还是不能按设计要求显示(除非设置 WindowsState 属性为最大化或最小化)，思考如何解决这个问题。

(2) 测试在子窗体中创建菜单，会有怎样的界面效果。

任务 10.3　课程信息录入子界面的设计及编程

【任务目标】

1. 掌握 DAO 数据库访问方式的代码编写特点。
2. 掌握 MSFlexGrid 控件的基本操作。
3. 学习信息处理中按钮组合应用的实际应用编程。

1. 任务情景描述

在信息管理系统中，减少信息冗余是解决系统中信息处理出错的主要因素，因此那些在不同的处理过程中容易产生缩写歧义的名称，通常是采用不易出错的唯一数字串进行编码，如学号、课程编号等。本任务的目的是创建一个课程信息管理界面，用于对课程信息库进行管理。

2. 设计思路和实训内容

(1) 界面设计要点

如图 10-4 所示，窗体标题为“课程信息录入”，窗体的 MDIChild 属性修改为 True；创建 3 个文本框 Text1～Text3，分别用于课程编号、课程名称、备注信息的录入；4 个按钮，分别是“新增”、“修改”、“删除”和“取消”，其中“取消”的 Enable 属性为 False，其他的保持为 True。

(2) 界面功能设计思路

当单击“新增”、“删除”或“修改”按钮后，“取消”按钮激活，而其余两个按钮为不可用；同时，被按下按钮的 Default 属性为 True，以便用户按回车键确认输入，“取消”按钮的 Cancle 属性为 True，方便用户按 Esc 键取消输入。

(3) 相关代码

```
Rem 窗体公共变量定义
Dim db As Database                    '定义 db 为数据库对象
Dim rs As Recordset                   'Recordset 对象是 DAO 数据访问中的数据表记录集

Function OpenDataFile(DBFile As String, SheetName As String)
    'DAO 方式打开应用程序目录下的数据库
    Set db = OpenDatabase(App.Path & "\" & DBFile)
    Set rs = db.OpenRecordset(SheetName)'打开数据表创建记录集
End Function

Function CloseDataFile()
    rs.Close                          '关闭数据表
    db.Close                          '关闭数据库
    Set db = Nothing                  '清除对象
    Set rs = Nothing
```

```
End Function

Rem 数据有效性校验模块
Function ChkData(Mode As String)
  If Mode = "新增" Then
    For I = 1 To MSFlexGrid1.Rows - 1
      If MSFlexGrid1.TextMatrix(I, 0) = Text1 Then
        MsgBox "课程编号重复,请重新输入!", vbCritical, "错误提示"
        ChkData = False
        Exit Function
      End If
    Next
  ElseIf Mode = "修改" Then
    If MSFlexGrid1.Row < 1 Then
      MsgBox "请先选择修改项!", vbCritical, "错误提示"
      ChkData = False
      Exit Function
    End If
  ElseIf Mode = "删除" Then
    If MSFlexGrid1.Row < 1 Then
      MsgBox "请先选择删除项!", vbCritical, "错误提示"
      ChkData = False
      Exit Function
    End If
  End If
  If Text1 = "" Then
    MsgBox "课程编号不得为空!", vbCritical, "错误提示"
    Text1.SetFocus
    ChkData = False
    Exit Function
  End If
  If Text2 = "" Then
    MsgBox "课程名称不得为空!", vbCritical, "错误提示"
    Text2.SetFocus
    ChkData = False
    Exit Function
  End If
  ChkData = True
End Function

Rem 保存数据模块
Sub SaveData()
  KillData                              '先删除所有记录,再将表格中所有数据存入数据表
  OpenDataFile "xsgl.mdb", "Course"     '打开数据库中指定表 Course
  For I = 1 To MSFlexGrid1.Rows - 1
    rs.AddNew                           '在记录集中创建新记录
    rs!课程编号 = MSFlexGrid1.TextMatrix(I, 0)        '新记录各字段赋值
    rs!课程名称 = MSFlexGrid1.TextMatrix(I, 1)
    rs!备注 = MSFlexGrid1.TextMatrix(I, 2)
```

```
    rs.Update                             '更新到数据库
  Next
  CloseDataFile
End Sub

Rem 加载数据模块
Sub LoadData()
  OpenDataFile "xsgl.mdb", "Course"
  MSFlexGrid1.Rows = 1
  Do While Not rs.EOF                     '循环直到记录读完
    MSFlexGrid1.Rows = MSFlexGrid1.Rows + 1
    MSFlexGrid1.TextMatrix(MSFlexGrid1.Rows - 1, 0) = rs!课程编号
    MSFlexGrid1.TextMatrix(MSFlexGrid1.Rows - 1, 1) = rs!课程名称
    MSFlexGrid1.TextMatrix(MSFlexGrid1.Rows - 1, 2) = rs!备注
    rs.MoveNext                           '记录指针下移一位
  Loop
  CloseDataFile
End Sub

Rem 删除所有数据模块
Sub KillData()
  OpenDataFile "xsgl.mdb", "Course"
  Do While rs.RecordCount > 0
    rs.MoveFirst                          '记录指针移到第一条
    rs.Delete                             '删除该记录
  Loop
  CloseDataFile
End Sub

Rem 新增按钮模块
Private Sub Command1_Click()
  If Command1.Caption = "确 定" Then
    If Not ChkData("新增") Then           '假如新增数据检查不合格则退出模块
      Exit Sub
    End If
    MSFlexGrid1.Rows = MSFlexGrid1.Rows + 1
    MSFlexGrid1.TextMatrix(MSFlexGrid1.Rows - 1, 0) = Text1
    MSFlexGrid1.TextMatrix(MSFlexGrid1.Rows - 1, 1) = Text2
    MSFlexGrid1.TextMatrix(MSFlexGrid1.Rows - 1, 2) = Text3
    SaveData
    Call Command4_Click
  Else
    Command1.Caption = "确 定"
    Command1.Default = True
    Command2.Enabled = False
    Command3.Enabled = False
    Command4.Enabled = True
    Command4.Cancel = True
  End If
```

```
End Sub

Rem 修改按钮模块
Private Sub Command2_Click()
  If Command2.Caption = "确 定" Then
    If Not ChkData("修改") Then          '假如修改数据检查不合格则退出模块
      Exit Sub
    End If
    MSFlexGrid1.TextMatrix(MSFlexGrid1.Row, 0) = Text1
    MSFlexGrid1.TextMatrix(MSFlexGrid1.Row, 1) = Text2
    MSFlexGrid1.TextMatrix(MSFlexGrid1.Row, 2) = Text3
    SaveData
    Call Command4_Click
  Else
    Command1.Enabled = False
    Command2.Caption = "确 定"
    Command2.Default = True
    Command3.Enabled = False
    Command4.Enabled = True
    Command4.Cancel = True
  End If
End Sub

Rem 删除按钮模块
Private Sub Command3_Click()
  If Command3.Caption = "确 定" Then
    If Not ChkData("删除") Then          '假如删除数据检查不合格则退出模块
      Exit Sub
    End If
    'MSFlexGrid 控件不允许删除最后一条记录
    '通过设置行数来变相"删除"记录
    If MSFlexGrid1.Rows <= 2 And MSFlexGrid1.Row = 1 Then
      MSFlexGrid1.Rows = 1
    Else
      MSFlexGrid1.RemoveItem MSFlexGrid1.Row '删除表格行
    End If
    MSFlexGrid1.Row = 0
    SaveData
    Call Command4_Click
  Else
    Command1.Enabled = False
    Command2.Enabled = False
    Command3.Caption = "确 定"
    Command3.Default = True
    Command4.Enabled = True
    Command4.Cancel = True
  End If
End Sub
```

```
Rem 取消按钮模块
Private Sub Command4_Click()
  Command1.Caption = "新 增"
  Command2.Caption = "修 改"
  Command3.Caption = "删 除"
  Command1.Enabled = True
  Command2.Enabled = True
  Command3.Enabled = True
  Command4.Enabled = False
End Sub

Private Sub Form_Load()
  MSFlexGrid1.Cols = 3                              '设置表格列数为 3 列
  MSFlexGrid1.Rows = 1                              '设置表格行数为 1 行(标题行)
  MSFlexGrid1.TextMatrix(0, 0) = "课程编号"         '给 0 行 0 列赋值
  MSFlexGrid1.ColWidth(0) = 1200                    '设置 0 列宽度
  MSFlexGrid1.ColAlignment(0) = 3                   '居中对齐
  MSFlexGrid1.TextMatrix(0, 1) = "课程名称"         '给 0 行 1 列赋值(以下同)
  MSFlexGrid1.ColWidth(1) = 1200                    '设置 1 列的列宽
  MSFlexGrid1.ColAlignment(1) = 3
  MSFlexGrid1.TextMatrix(0, 2) = "备注"
  MSFlexGrid1.ColWidth(2) = 2500
  MSFlexGrid1.ColAlignment(2) = 3
  LoadData                                          '调加载数据模块
  MSFlexGrid1.Row = 0                               '设置表格的选中行号为 0
End Sub

Rem 单击表格,选中待删除或修改行的内容到文本框
Private Sub MSFlexGrid1_Click()
  Text1 = MSFlexGrid1.TextMatrix(MSFlexGrid1.Row, 0)
  Text2 = MSFlexGrid1.TextMatrix(MSFlexGrid1.Row, 1)
  Text3 = MSFlexGrid1.TextMatrix(MSFlexGrid1.Row, 2)
End Sub
```

编程技巧：在大型软件的编写中,将一些通用的公共程序或功能相近的程序从冗长的程序段中剥离出来编写成独立的代码模块,有助于使得程序变得更加清晰,如本任务中的数据有效性校验模块、数据库打开和关闭模块等。同时应注意由此带来对变量作用域的影响,如本任务中的 rs 和 conn 因此而不得不被设置为窗体全局变量。

任务 10.4 考试类别录入子界面的设计及编程

【任务目标】

1. 掌握 ADODC 数据库访问方式的代码编写特点。
2. 复习 MSFlexGrid 控件的基本操作。
3. 学习 SQL 基本操作语句 Select、Delete、Insert 的编写。

1. 任务情景描述

跟上个任务相似，本任务的目的是创建一个考试类别的管理界面，用于对考试类别库进行管理。

2. 设计思路和实训内容

(1) 界面设计要点

如图 10-5 所示，窗体标题为“考试类别录入”，窗体的 MDIChild 属性修改为 True；创建 3 个文本框 Text1～Text3，分别用于类别编号、考试类别、备注信息的录入；4 个按钮，分别是“新增”、“修改”、“删除”和“取消”，其中“取消”的 Enable 属性为 False，其他的保持为 True。

(2) 界面功能设计思路

当单击“新增”、“删除”或“修改”按钮后，“取消”按钮激活，而其余两个按钮为不可用；同时，被按下按钮的 Default 属性为 True，以便用户按回车键确认输入，“取消”按钮的 Cancle 属性为 True，方便用户按 Esc 键取消输入。

(3) 相关代码

```
Dim conn As ADODB.Connection                    '注意这里的数据类型与任务 10.3 的区别
Dim rs As ADODB.Recordset

Rem 数据有效性校验模块
Function ChkData(Mode As String)
  If Mode = "新增" Then
    For I = 1 To MSFlexGrid1.Rows - 1
      If MSFlexGrid1.TextMatrix(I, 0) = Text1 Then
        MsgBox "类别编号重复，请重新输入!", vbCritical, "错误提示"
        ChkData = False
        Exit Function
      End If
    Next
  ElseIf Mode = "修改" Then
    If MSFlexGrid1.Row < 1 Then
      MsgBox "请先选择修改项!", vbCritical, "错误提示"
      ChkData = False
      Exit Function
    End If
  ElseIf Mode = "删除" Then
    If MSFlexGrid1.Row < 1 Then
      MsgBox "请先选择删除项!", vbCritical, "错误提示"
      ChkData = False
      Exit Function
    End If
  End If
  If Text1 = "" Then
    MsgBox "类别编号不得为空!", vbCritical, "错误提示"
```

```
      Text1.SetFocus
      ChkData = False
      Exit Function
    End If
    If Text2 = "" Then
      MsgBox "考试类别不得为空!", vbCritical, "错误提示"
      Text2.SetFocus
      ChkData = False
      Exit Function
    End If
    ChkData = True
End Function

Function OpenDataFile(DBFile As String)
    Set conn = CreateObject("ADODB.Connection")       'ADODC 访问数据库方式一
                                                      '创建 ADO 数据库连接对象 conn
    conn.Provider = "Microsoft.Jet.OLEDB.4.0"         '定义数据库引擎
    conn.Open App.Path & "\" & DBFile                 '打开数据库
    Set rs = CreateObject("ADODB.Recordset")          '创建一个 ADO 记录集对象 rs
End Function

Function CloseDataFile()
    On Error Resume Next
    rs.Close
    conn.Close
    Set rs = Nothing
    Set conn = Nothing
End Function

Rem 加载数据模块
Sub LoadData()
    OpenDataFile "xsgl.mdb"
    rs.Open "Select * from " & "TestType", conn       '用 SQL Select 语句选择数据表所有记录
    MSFlexGrid1.Rows = 1
    Do While Not rs.EOF                               '循环直到记录读完
      MSFlexGrid1.Rows = MSFlexGrid1.Rows + 1
      MSFlexGrid1.TextMatrix(MSFlexGrid1.Rows - 1, 0) = rs!类别编号
      MSFlexGrid1.TextMatrix(MSFlexGrid1.Rows - 1, 1) = rs!考试类别
      MSFlexGrid1.TextMatrix(MSFlexGrid1.Rows - 1, 2) = rs!备注
      rs.MoveNext
    Loop
    CloseDataFile
End Sub

Rem 保存数据模块
Sub SaveData()
    KillData                         '先删除所有记录,再将表格中所有数据重新存入数据表
    OpenDataFile "xsgl.mdb"
    For I = 1 To MSFlexGrid1.Rows - 1
```

```
        conn.Execute "Insert into TestType(类别编号,考试类别,备注) _
        values ('" & MSFlexGrid1.TextMatrix(I, 0) & "','" & MSFlexGrid1.TextMatrix(I, 1) _
        & "','" & MSFlexGrid1.TextMatrix(I, 2) & "')"    '用 SQL Insert 语句添加新记录
    Next
    CloseDataFile
End Sub

Rem 删除所有数据模块
Sub KillData()
    OpenDataFile "xsgl.mdb"
    rs.Open "Delete * from " & "TestType", conn        '用 SQL Delete 语句删除所有记录
    CloseDataFile
End Sub

Rem 新增按钮模块
Private Sub Command1_Click()
    If Command1.Caption = "确 定" Then
        If Not ChkData("新增") Then
            Exit Sub
        End If
        MSFlexGrid1.Rows = MSFlexGrid1.Rows + 1
        MSFlexGrid1.TextMatrix(MSFlexGrid1.Rows - 1, 0) = Text1
        MSFlexGrid1.TextMatrix(MSFlexGrid1.Rows - 1, 1) = Text2
        MSFlexGrid1.TextMatrix(MSFlexGrid1.Rows - 1, 2) = Text3
        SaveData
        Call Command4_Click
    Else
        Command1.Caption = "确 定"
        Command1.Default = True
        Command2.Enabled = False
        Command3.Enabled = False
        Command4.Enabled = True
        Command4.Cancel = True
    End If
End Sub

Rem 修改按钮模块
Private Sub Command2_Click()
    If Command2.Caption = "确 定" Then
        If Not ChkData("修改") Then
            Exit Sub
        End If
        MSFlexGrid1.TextMatrix(MSFlexGrid1.Row, 0) = Text1
        MSFlexGrid1.TextMatrix(MSFlexGrid1.Row, 1) = Text2
        MSFlexGrid1.TextMatrix(MSFlexGrid1.Row, 2) = Text3
        SaveData
        Call Command4_Click
    Else
        Command1.Enabled = False
```

```
        Command2.Caption = "确 定"
        Command2.Default = True
        Command3.Enabled = False
        Command4.Enabled = True
        Command4.Cancel = True
    End If
End Sub

Rem 删除按钮模块
Private Sub Command3_Click()
    If Command3.Caption = "确 定" Then
        If Not ChkData("删除") Then
            Exit Sub
        End If
        If MSFlexGrid1.Rows <= 2 And MSFlexGrid1.Row = 1 Then
            MSFlexGrid1.Rows = 1
        Else
            MSFlexGrid1.RemoveItem MSFlexGrid1.Row
        End If
        MSFlexGrid1.Row = 0
        SaveData
        Call Command4_Click
    Else
        Command1.Enabled = False
        Command2.Enabled = False
        Command3.Caption = "确 定"
        Command3.Default = True
        Command4.Enabled = True
        Command4.Cancel = True
    End If
End Sub

Rem 取消按钮模块
Private Sub Command4_Click()
    Command1.Caption = "新 增"
    Command2.Caption = "修 改"
    Command3.Caption = "删 除"
    Command1.Enabled = True
    Command2.Enabled = True
    Command3.Enabled = True
    Command4.Enabled = False
End Sub

Private Sub Form_Load()
    MSFlexGrid1.Cols = 3
    MSFlexGrid1.Rows = 1
    MSFlexGrid1.TextMatrix(0, 0) = "类别编号"
    MSFlexGrid1.ColWidth(0) = 1200
    MSFlexGrid1.ColAlignment(0) = 3
```

```
    MSFlexGrid1.TextMatrix(0, 1) = "考试类别"
    MSFlexGrid1.ColWidth(1) = 1200
    MSFlexGrid1.ColAlignment(1) = 3
    MSFlexGrid1.TextMatrix(0, 2) = "备注"
    MSFlexGrid1.ColWidth(2) = 2500
    MSFlexGrid1.ColAlignment(2) = 3
    LoadData
    MSFlexGrid1.Row = 0
End Sub

Rem 单击表格,选中待删除或修改内容到文本框
Private Sub MSFlexGrid1_Click()
    Text1 = MSFlexGrid1.TextMatrix(MSFlexGrid1.Row, 0)
    Text2 = MSFlexGrid1.TextMatrix(MSFlexGrid1.Row, 1)
    Text3 = MSFlexGrid1.TextMatrix(MSFlexGrid1.Row, 2)
End Sub
```

编程技巧：VB中数据库的访问方式很多,如任务10.3中的DAO和这个任务中的ADO,即使同一个ADO也有不少变通的格式,在学习过程中应加以积累,尤其是一些经典的格式,以便在自己的程序中灵活应用。另外,VB数据库编程完全兼容SQL语句,SQL语句使得数据库访问效率大大提高,初学者在编写SQL语句时容易发生格式错误,为避免错误,可以预先在Access数据库管理系统中"查询"对象的SQL视图中进行调试,成功后再"抄"到VB中使用。

任务 10.5　学生信息录入子界面的设计及编程

【任务目标】

1. 掌握ADODC数据库访问的另一种方式的代码编写特点。
2. 巩固SQL基本操作语句Select、Delete、Insert的编写。

1. 任务情景描述

跟前面的任务相似,本任务的目的是创建一个学生基本信息管理界面,用于对学生相关信息进行管理。

2. 设计思路和实训内容

(1) 界面设计要点

如图10-6所示,窗体标题为"学生信息录入",窗体的MDIChild属性修改为True;创建7个文本框数组成员Text1(0)～Text1(6),分别用于学号、姓名、性别、出生日期、电话、住址和邮政编码的录入;4个按钮,分别是"新增"、"修改"、"删除"和"取消",其中"取消"的Enable属性为False,其他的保持为True。

(2) 界面功能设计思路

当单击“新增”、“删除”或“修改”按钮后，“取消”按钮激活，而其余两个按钮为不可用；同时，被按下按钮的 Default 属性为 True，以便用户按回车键确认输入，“取消”按钮的 Cancle 属性为 True，方便用户按 Esc 键取消输入。

(3) 相关代码

```
Dim conn As ADODB.Connection
Dim rs As ADODB.Recordset

Rem 数据有效性校验模块
Function ChkData(Mode As String)
  If Mode = "新增" Then
    For I = 1 To MSFlexGrid1.Rows - 1
      If MSFlexGrid1.TextMatrix(I, 0) = Text1(0) Then
        MsgBox "学号重复,请重新输入!", vbCritical, "错误提示"
        ChkData = False
        Exit Function
      End If
    Next
  ElseIf Mode = "修改" Then
    If MSFlexGrid1.Row < 1 Then
      MsgBox "请先选择修改项!", vbCritical, "错误提示"
      ChkData = False
      Exit Function
    End If
  ElseIf Mode = "删除" Then
    If MSFlexGrid1.Row < 1 Then
      MsgBox "请先选择删除项!", vbCritical, "错误提示"
      ChkData = False
      Exit Function
    End If
  End If
  If Text1(0) = "" Then
    MsgBox "学号不得为空!", vbCritical, "错误提示"
    Text1(0).SetFocus
    ChkData = False
    Exit Function
  End If
  If Text1(1) = "" Then
    MsgBox "姓名不得为空!", vbCritical, "错误提示"
    Text1(1).SetFocus
    ChkData = False
    Exit Function
  End If
  If Text1(3) <> "" Then
    If Not IsDate(Text1(3)) Then
      MsgBox "日期格式错误!", vbCritical, "错误提示"
      Text1(3).SetFocus
```

```
        ChkData = False
        Exit Function
      End If
    End If
    ChkData = True
End Function

Function OpenDataFile(DBFile As String)
    Set conn = CreateObject("ADODB.Connection")      'ADODC 方式访问数据库二
    conn.Open "Driver={Microsoft Access Driver (*.mdb)};DBQ=" & App.Path & "\"
& DBFile
    Set rs = CreateObject("ADODB.Recordset")          '创建一个 ADO 记录集对象 rs
End Function

Function CloseDataFile()
    On Error Resume Next
    rs.Close
    conn.Close
    Set rs = Nothing
    Set conn = Nothing
End Function

Rem 加载数据模块
Sub LoadData()
    OpenDataFile "xsgl.mdb"
    rs.Open "Select * from " & "Std_Info", conn       '用 SQL Select 语句选择数据表所有记录
    MSFlexGrid1.Rows = 1
    Do While Not rs.EOF                               '循环直到记录读完
      MSFlexGrid1.Rows = MSFlexGrid1.Rows + 1
      MSFlexGrid1.TextMatrix(MSFlexGrid1.Rows - 1, 0) = rs!学号
      MSFlexGrid1.TextMatrix(MSFlexGrid1.Rows - 1, 1) = rs!姓名
      MSFlexGrid1.TextMatrix(MSFlexGrid1.Rows - 1, 2) = rs!性别
      If IsDate(rs!出生日期) Then
        MSFlexGrid1.TextMatrix(MSFlexGrid1.Rows - 1, 3) = rs!出生日期
      End If
      MSFlexGrid1.TextMatrix(MSFlexGrid1.Rows - 1, 4) = rs!电话
      MSFlexGrid1.TextMatrix(MSFlexGrid1.Rows - 1, 5) = rs!住址
      MSFlexGrid1.TextMatrix(MSFlexGrid1.Rows - 1, 6) = rs!邮政编码
      rs.MoveNext
    Loop
    CloseDataFile
End Sub

Rem 保存数据模块
Sub SaveData()
    Dim connStr As String
    KillData                                    '先删除所有记录,再将表格中所有数据存入数据表
    For I = 1 To MSFlexGrid1.Rows - 1
      Rem 用 SQL Insert 语句添加新记录
```

```
    If IsDate(MSFlexGrid1.TextMatrix(I, 3)) Then   '当出生日期格式正确
      connStr = "Insert into Std_Info(学号,姓名,性别,出生日期,电话,住址,邮政编码) values ("
      For j = 0 To 5
        If j = 3 Then
          connStr = connStr & "#" & MSFlexGrid1.TextMatrix(I, j) & "#,"
        Else
          connStr = connStr & "'" & MSFlexGrid1.TextMatrix(I, j) & "',"
        End If
      Next
    Else                                           '当出生日期格式不正确,不插入日期
      connStr = "Insert into Std_Info(学号,姓名,性别,电话,住址,邮政编码) values ("
      For j = 0 To 5                               '当日期为空的时候,跳过出生日期字段赋值
        If j <> 3 Then
          connStr = connStr & "'" & MSFlexGrid1.TextMatrix(I, j) & "',"
        End If
      Next
    End If
    connStr = connStr & "'" & MSFlexGrid1.TextMatrix(I, 6) & "')"
    OpenDataFile "xsgl.mdb"
    conn.Execute connStr                           '执行 SQL 查询语句
    CloseDataFile
  Next
End Sub

Rem 删除所有数据模块
Sub KillData()
  OpenDataFile "xsgl.mdb"
  rs.Open "Delete * from " & "Std_Info", conn      '用 SQL Delete 语句删除所有记录
  CloseDataFile
End Sub

Rem 新增按钮模块
Private Sub Command1_Click()
  If Command1.Caption = "确 定" Then
    If Not ChkData("新增") Then
      Exit Sub
    End If
    MSFlexGrid1.Rows = MSFlexGrid1.Rows + 1
    For I = 0 To 6
      MSFlexGrid1.TextMatrix(MSFlexGrid1.Rows - 1, I) = Text1(I)
    Next
    SaveData
    Call Command4_Click
  Else
    Command1.Caption = "确 定"
    Command1.Default = True
    Command2.Enabled = False
    Command3.Enabled = False
    Command4.Enabled = True
```

```
    Command4.Cancel = True
  End If
End Sub

Rem 修改按钮模块
Private Sub Command2_Click()
  If Command2.Caption = "确 定" Then
    If Not ChkData("修改") Then
      Exit Sub
    End If
    For I = 0 To 6
      MSFlexGrid1.TextMatrix(MSFlexGrid1.Row, I) = Text1(I)
    Next
    SaveData
    Call Command4_Click
  Else
    Command1.Enabled = False
    Command2.Caption = "确 定"
    Command2.Default = True
    Command3.Enabled = False
    Command4.Enabled = True
    Command4.Cancel = True
  End If
End Sub

Rem 删除按钮模块
Private Sub Command3_Click()
  If Command3.Caption = "确 定" Then
    If Not ChkData("删除") Then
      Exit Sub
    End If
    If MSFlexGrid1.Rows <= 2 And MSFlexGrid1.Row = 1 Then
      MSFlexGrid1.Rows = 1
    Else
      MSFlexGrid1.RemoveItem MSFlexGrid1.Row
    End If
    MSFlexGrid1.Row = 0
    SaveData
    Call Command4_Click
  Else
    Command1.Enabled = False
    Command2.Enabled = False
    Command3.Caption = "确 定"
    Command3.Default = True
    Command4.Enabled = True
    Command4.Cancel = True
  End If
End Sub
```

```
Rem 取消按钮模块
Private Sub Command4_Click()
  Command1.Caption = "新 增"
  Command2.Caption = "修 改"
  Command3.Caption = "删 除"
  Command1.Enabled = True
  Command2.Enabled = True
  Command3.Enabled = True
  Command4.Enabled = False
End Sub

Private Sub Form_Load()
  MSFlexGrid1.Cols = 7
  MSFlexGrid1.Rows = 1
  MSFlexGrid1.TextMatrix(0, 0) = "学号"
  MSFlexGrid1.ColWidth(0) = 1000                '设置列宽度
  MSFlexGrid1.TextMatrix(0, 1) = "姓名"
  MSFlexGrid1.ColWidth(1) = 1000
  MSFlexGrid1.TextMatrix(0, 2) = "性别"
  MSFlexGrid1.ColWidth(2) = 500
  MSFlexGrid1.TextMatrix(0, 3) = "出生日期"
  MSFlexGrid1.ColWidth(3) = 1000
  MSFlexGrid1.TextMatrix(0, 4) = "电话"
  MSFlexGrid1.ColWidth(4) = 1500
  MSFlexGrid1.TextMatrix(0, 5) = "住址"
  MSFlexGrid1.ColWidth(5) = 2000
  MSFlexGrid1.TextMatrix(0, 6) = "邮政编码"
  MSFlexGrid1.ColWidth(6) = 1000
  For I = 0 To 6
    MSFlexGrid1.ColAlignment(I) = 3
  Next
  LoadData                                      '加载数据
  MSFlexGrid1.Row = 0
End Sub

Rem 单击表格,选中待删除或修改内容到文本框
Private Sub MSFlexGrid1_Click()
  For I = 0 To 6
    Text1(I) = MSFlexGrid1.TextMatrix(MSFlexGrid1.Row, I)
  Next
End Sub
```

任务 10.6　学生选课子界面的设计及编程

【任务目标】

1. 学习主关键字和次关键字字段数据的应用知识。
2. 掌握利用基本数据设置模块所获得数据用于数据录入的应用技巧。

1. 任务情景描述

本任务的目的是创建一个学生选课管理界面。由于有学生基本信息、课程信息、考试类别信息等基础信息的录入，在选课模块中，可以直接调用以上子模块中的数据用于数据的“填写”，而无须手工录入，为数据格式的标准化和操作的便利性带来好处。

该模块要求在数据记录时，不得出现冗余数据，可采用次关键字来保存相关数据，如表 10-2 所示。

学生选课模块使用的数据表和任务 10.7“学生成绩录入”使用的是同一个学生成绩数据表，仅使用其中选课部分字段。成绩的录入将在任务 10.7 中完成。

2. 设计思路和实训内容

(1) 界面设计要点

如图 10-7 所示，窗体标题为“学生选课”，窗体的 MDIChild 属性修改为 True；创建 6 个下拉列表框(ComboBox 的 Style 属性选 2)；数组成员 Combo1(0)～Combo1(5)，依次分别用于学号、姓名、课程编号、课程名称、考试类别、类别编号的下拉选择录入(留意顺序)；4 个按钮，分别是“新增”、“修改”、“删除”和“取消”，其中“取消”的 Enable 属性为 False，其他的保持为 True；备注文本框的控件名称是 Text1。

(2) 界面功能设计思路

当单击“新增”、“删除”或“修改”按钮后，“取消”按钮激活，而其余两个按钮为不可用；同时，被按下按钮的 Default 属性设为 True，以便用户按回车键确认输入，“取消”按钮的 Cancle 属性设为 True，方便用户按 Esc 键取消输入。

代码设计中，Combo1(0)和 Combo1(1)是联动的，只要选择学号即可显示对应的姓名，反之选择姓名可以立即显示对应的学号；课程编号和课程名称、考试类别和类别编号也是联动的，从而实现主关键字与相关字段的对应选择。

在表格显示中，所有主关键字与对应的字段都正常显示，但在数据库中主关键字都以次关键字形式保存，而对应的名称则被忽略，不再记录，以避免出现数据冗余。

(3) 相关代码

```
Dim conn As ADODB.Connection
Dim rs As ADODB.Recordset

Function OpenDataFile(DBFile As String)
    Set conn = CreateObject("ADODB.Connection")      'ADODC 方式访问数据库二
    conn.Open "Driver = {Microsoft Access Driver ( * . mdb)}; DBQ = " & App.Path & "\"
& DBFile
    Set rs = CreateObject("ADODB.Recordset")          '创建一个 ADO 记录集对象 rs
End Function

Function CloseDataFile()
   On Error Resume Next
   rs.Close
   conn.Close
```

```
    Set rs = Nothing
    Set conn = Nothing
End Function

Sub LoadData()
    Rem 读课程信息
    OpenDataFile "xsgl.mdb"
    rs.Open "select * from " & "Course", conn
    Combo1(2).Clear
    Combo1(3).Clear
    Do While Not rs.EOF                                         '循环直到记录读完
        Combo1(2).AddItem rs!课程编号
        Combo1(3).AddItem rs!课程名称
        rs.MoveNext
    Loop
    CloseDataFile

    Rem 读学生信息
    OpenDataFile "xsgl.mdb"
    rs.Open "select * from " & "Std_Info", conn
    Combo1(0).Clear
    Combo1(1).Clear
    Do While Not rs.EOF                                         '循环直到记录读完
        Combo1(0).AddItem rs!学号
        Combo1(1).AddItem rs!姓名
        rs.MoveNext
    Loop
    CloseDataFile

    Rem 读考试类别
    OpenDataFile "xsgl.mdb"
    rs.Open "select * from " & "TestType", conn
    Combo1(4).Clear
    Combo1(5).Clear
    Do While Not rs.EOF                                         '循环直到记录读完
        Combo1(4).AddItem rs!考试类别
        Combo1(5).AddItem rs!类别编号
        rs.MoveNext
    Loop
    CloseDataFile

    Rem 读选课信息
    OpenDataFile "xsgl.mdb"
    rs.Open "select * from " & "Credit", conn
    MSFlexGrid1.Rows = 1
    Do While Not rs.EOF                                         '循环直到记录读完
        MSFlexGrid1.Rows = 1 + MSFlexGrid1.Rows
        MSFlexGrid1.TextMatrix(MSFlexGrid1.Rows - 1, 0) = rs!学号
        MSFlexGrid1.TextMatrix(MSFlexGrid1.Rows - 1, 2) = rs!课程编号
```

```
    If Not IsNull(rs!考试类别) Then MSFlexGrid1.TextMatrix(MSFlexGrid1.Rows - 1, 5) = rs!考试类别
    If Not IsNull(rs!备注) Then MSFlexGrid1.TextMatrix(MSFlexGrid1.Rows - 1, 6) = rs!备注
    rs.MoveNext
  Loop
  CloseDataFile

  Rem 根据学号填写姓名,根据课程编号填写课程名称……
  For I = 1 To MSFlexGrid1.Rows - 1
    MSFlexGrid1.TextMatrix(I, 1) = GetName(MSFlexGrid1.TextMatrix(I, 0))
    MSFlexGrid1.TextMatrix(I, 3) = GetCourse(MSFlexGrid1.TextMatrix(I, 2))
    MSFlexGrid1.TextMatrix(I, 4) = GetTestType(MSFlexGrid1.TextMatrix(I, 5))
  Next
End Sub

Rem 根据学号查姓名
Function GetName(XH As String)
  OpenDataFile "xsgl.mdb"
  rs.Open "select * from Std_Info where (学号 = '" & XH & "')", conn, 1, 4
  If rs.RecordCount > 0 Then
    GetName = rs!姓名
  Else
    GetName = ""
  End If
  CloseDataFile
End Function

Rem 根据课程编号查课程名称
Function GetCourse(BH As String)
  OpenDataFile "xsgl.mdb"
  rs.Open "select * from Course where (课程编号 = '" & BH & "')", conn, 1, 4
  If rs.RecordCount > 0 Then
    GetCourse = rs!课程名称
  Else
    GetCourse = ""
  End If
  CloseDataFile
End Function

Rem 根据类别编号查考试类别
Function GetTestType(LB As String)
  OpenDataFile "xsgl.mdb"
  rs.Open "select * from TestType where (类别编号 = '" & LB & "')", conn, 1, 4
  If rs.RecordCount > 0 Then
    GetTestType = rs!考试类别
  Else
    GetTestType = ""
  End If
```

```
  CloseDataFile
End Function

Rem 保存数据模块
Sub SaveData()
  Dim connStr As String
  KillData                              '先删除所有记录,再将表格中所有数据存入数据表
  For I = 1 To MSFlexGrid1.Rows - 1
    Rem 用 SQL Insert 语句添加新记录
    connStr = "Insert into Credit(学号,课程编号,考试类别,备注) values ("
    connStr = connStr & "'" & MSFlexGrid1.TextMatrix(I, 0) & "',"
    connStr = connStr & "'" & MSFlexGrid1.TextMatrix(I, 2) & "',"
    connStr = connStr & "'" & MSFlexGrid1.TextMatrix(I, 5) & "',"
    connStr = connStr & "'" & MSFlexGrid1.TextMatrix(I, 6) & "')"
    OpenDataFile "xsgl.mdb"
    conn.Execute connStr                '执行 SQL 查询语句
    CloseDataFile
  Next
End Sub

Rem 删除所有数据模块
Sub KillData()
  OpenDataFile "xsgl.mdb"
  rs.Open "Delete * from " & "Credit", conn     '用 SQL Delete 语句删除所有记录
  CloseDataFile
End Sub

Rem 数据有效性校验模块
Function ChkData(Mode As String)
  ChkData = True
  If Mode = "新增" Then
    For I = 1 To MSFlexGrid1.Rows - 1
      If MSFlexGrid1.TextMatrix(I, 0) & MSFlexGrid1.TextMatrix(I, 2) = Combo1(0).Text
& Combo1(2).Text Then
        MsgBox "该同学已经选修了同一课程,请重新输入!", vbCritical, "错误提示"
        ChkData = False
        Exit Function
      End If
    Next
  ElseIf Mode = "修改" Then
    If MSFlexGrid1.Row < 1 Then
      MsgBox "请先选择修改项!", vbCritical, "错误提示"
      ChkData = False
      Exit Function
    End If
  ElseIf Mode = "删除" Then
    If MSFlexGrid1.Row < 1 Then
      MsgBox "请先选择删除项!", vbCritical, "错误提示"
      ChkData = False
```

```
            Exit Function
        End If
        Exit Function
    End If
    If Combo1(0) = "" Then
        MsgBox "学号不得为空!", vbCritical, "错误提示"
        Combo1(0).SetFocus
        ChkData = False
        Exit Function
    End If
    If Combo1(2) = "" Then
        MsgBox "课程编号不得为空!", vbCritical, "错误提示"
        Combo1(2).SetFocus
        ChkData = False
        Exit Function
    End If
End Function

Private Sub Combo1_Click(Index As Integer)
    '编号和名称组合框都是联动的,选择了编号即选择对应的名称;反之亦然
    If Index Mod 2 = 0 Then
        Combo1(Index + 1).ListIndex = Combo1(Index).ListIndex
    Else
        Combo1(Index - 1).ListIndex = Combo1(Index).ListIndex
    End If
End Sub

Rem 新增按钮模块
Private Sub Command1_Click()
    If Command1.Caption = "确 定" Then
        If Not ChkData("新增") Then
            Exit Sub
        End If
        MSFlexGrid1.Rows = MSFlexGrid1.Rows + 1     '增加表格行
        For I = 0 To 5
            MSFlexGrid1.TextMatrix(MSFlexGrid1.Rows - 1, I) = Combo1(I).Text
        Next
        MSFlexGrid1.TextMatrix(MSFlexGrid1.Rows - 1, 6) = Text1
        SaveData                                    '将表格数据存盘
        Call Command4_Click
    Else
        Command1.Caption = "确 定"
        Command1.Default = True
        Command2.Enabled = False
        Command3.Enabled = False
        Command4.Enabled = True
        Command4.Cancel = True
    End If
End Sub
```

```
Rem 修改按钮模块
Private Sub Command2_Click()
  If Command2.Caption = "确 定" Then
    If Not ChkData("修改") Then
      Exit Sub
    End If
    For I = 0 To 5
      MSFlexGrid1.TextMatrix(MSFlexGrid1.Row, I) = Combo1(I).Text
    Next
    MSFlexGrid1.TextMatrix(MSFlexGrid1.Row, 6) = Text1
    SaveData
    Call Command4_Click
  Else
    Command1.Enabled = False
    Command2.Caption = "确 定"
    Command2.Default = True
    Command3.Enabled = False
    Command4.Enabled = True
    Command4.Cancel = True
  End If
End Sub

Rem 删除按钮模块
Private Sub Command3_Click()
  If Command3.Caption = "确 定" Then
    If Not ChkData("删除") Then
      Exit Sub
    End If
    If MSFlexGrid1.Rows <= 2 And MSFlexGrid1.Row = 1 Then
      MSFlexGrid1.Rows = 1
    Else
      MSFlexGrid1.RemoveItem MSFlexGrid1.Row
    End If
    MSFlexGrid1.Row = 0
    SaveData
    Call Command4_Click
  Else
    Command1.Enabled = False
    Command2.Enabled = False
    Command3.Caption = "确 定"
    Command3.Default = True
    Command4.Enabled = True
    Command4.Cancel = True
  End If
End Sub

Rem 取消按钮模块
Private Sub Command4_Click()
  Command1.Caption = "新 增"
```

```
    Command2.Caption = "修 改"
    Command3.Caption = "删 除"
    Command1.Enabled = True
    Command2.Enabled = True
    Command3.Enabled = True
    Command4.Enabled = False
End Sub

Private Sub Form_Load()
    MSFlexGrid1.Cols = 7
    MSFlexGrid1.Rows = 1
    MSFlexGrid1.TextMatrix(0, 0) = "学号"
    MSFlexGrid1.ColWidth(0) = 1000                    '设置列宽度
    MSFlexGrid1.TextMatrix(0, 1) = "姓名"
    MSFlexGrid1.ColWidth(1) = 1000
    MSFlexGrid1.TextMatrix(0, 2) = "课程编号"
    MSFlexGrid1.ColWidth(2) = 1000
    MSFlexGrid1.TextMatrix(0, 3) = "课程名称"
    MSFlexGrid1.ColWidth(3) = 1000
    MSFlexGrid1.TextMatrix(0, 4) = "考试类别"
    MSFlexGrid1.ColWidth(4) = 1000
    MSFlexGrid1.TextMatrix(0, 5) = "类别编号"
    MSFlexGrid1.ColWidth(5) = 1000
    MSFlexGrid1.TextMatrix(0, 6) = "备注"
    MSFlexGrid1.ColWidth(6) = 1000
    For I = 0 To 6
        MSFlexGrid1.ColAlignment(I) = 3
    Next
    LoadData                                          '加载数据
    MSFlexGrid1.Row = 0
End Sub

Private Sub MSFlexGrid1_Click()
    '由于6个组合框类型都是下拉列表框,属只读模式,不能直接赋值,需要从列表中选择对应项
    '当单击表格行时,从组合下拉列表框中选出对应内容显示
    For I = 0 To Combo1(0).ListCount - 1
        If Combo1(0).List(I) = MSFlexGrid1.TextMatrix(MSFlexGrid1.Row, 0) Then
            Combo1(0).ListIndex = I
            Combo1(1).ListIndex = I
            Exit For
        End If
    Next
    For I = 0 To Combo1(2).ListCount - 1
        If Combo1(2).List(I) = MSFlexGrid1.TextMatrix(MSFlexGrid1.Row, 2) Then
            Combo1(2).ListIndex = I
            Combo1(3).ListIndex = I
            Exit For
        End If
    Next
```

```
    For I = 0 To Combo1(5).ListCount - 1
      If Combo1(5).List(I) = MSFlexGrid1.TextMatrix(MSFlexGrid1.Row, 5) Then
        Combo1(4).ListIndex = I
        Combo1(5).ListIndex = I
        Exit For
      End If
    Next
    Text1 = MSFlexGrid1.TextMatrix(MSFlexGrid1.Row, 6)
End Sub
```

任务 10.7　学生成绩录入子界面的设计及编程

【任务目标】

1. 掌握 SQL 条件查询语句的格式。
2. 学习数据条件筛选显示的应用技巧。
3. 完成整个学生信息管理系统的软件编程。

1. 任务情景描述

本任务的目的是创建一个学生成绩管理界面。由于学生选课在任务 10.6 中完成，因此本任务的操作界面是通过下拉列表找出某学生的所有选课，然后通过单击选中该学生的某课程，进行成绩登记。

根据该任务需求，需要使用 SQL 语句中的条件语句进行记录筛选。

2. 设计思路和实训内容

(1) 界面设计要点

如图 10-8 所示，窗体标题为“学生成绩登记”，窗体的 MDIChild 属性修改为 True；创建 2 个下拉列表框 Combo1、Combo2，分别用于学号、姓名的联动下拉选择录入；4 个文本框 Text1 ～ Text4，分别用于课程编号、课程名称、备注和成绩的填写；1 个按钮 Caption 为“记录”，名称是 Command1。

(2) 界面功能设计思路

当下拉选择学号或姓名后，表格中出现该学生选取的所有课程，用户单击表格中某个课程，则课程编号等 4 项信息显示在文本框中，即可在文本框中对成绩进行修改录入。最后单击“记录”按钮后，成绩记入数据库。

代码设计中，Combo1 和 Combo2 是联动的，选择学号即可显示对应的姓名，反之选择姓名可以立即显示对应的学号。

与任务 10.6 中描述的一样，在表格显示中，所有主关键字与对应的字段都正常显示，但在数据库中主关键字都以次关键字形式保存，而对应的名称则被忽略，不再记录，以避免出现数据冗余。

(3) 相关代码

```
Dim conn As ADODB.Connection
Dim rs As ADODB.Recordset

Function OpenDataFile(DBFile As String)
    Set conn = CreateObject("ADODB.Connection")    'ADODC 方式访问数据库二
    conn.Open "Driver={Microsoft Access Driver (*.mdb)};DBQ=" & App.Path & "\"
& DBFile
    Set rs = CreateObject("ADODB.Recordset")    '创建一个 ADO 记录集对象 rs
End Function

Function CloseDataFile()
  On Error Resume Next
  rs.Close
  conn.Close
  Set rs = Nothing
  Set conn = Nothing
End Function

Sub LoadData()
  Rem 读学生信息
  OpenDataFile "xsgl.mdb"
  rs.Open "select * from " & "Std_Info", conn
  Combo1.Clear
  Combo2.Clear
  Do While Not rs.EOF                                '循环直到记录读完
    Combo1.AddItem rs!学号
    Combo2.AddItem rs!姓名
    rs.MoveNext
  Loop
  CloseDataFile
End Sub

Rem 根据学号查姓名
Function GetName(XH As String)
  OpenDataFile "xsgl.mdb"
  rs.Open "select * from Std_Info where (学号 = '" & XH & "')", conn, 1, 4
  If rs.RecordCount > 0 Then
    GetName = rs!姓名
  Else
    GetName = ""
  End If
  CloseDataFile
End Function

Rem 根据课程编号查课程名称
Function GetCourse(BH As String)
  OpenDataFile "xsgl.mdb"
```

```
  rs.Open "select * from Course where (课程编号 = '" & BH & "')", conn, 1, 4
  If rs.RecordCount > 0 Then
    GetCourse = rs!课程名称
  Else
    GetCourse = ""
  End If
  CloseDataFile
End Function

Rem 根据类别编号查考试类别
Function GetTestType(LB As String)
  OpenDataFile "xsgl.mdb"
  rs.Open "select * from TestType where (类别编号 = '" & LB & "')", conn, 1, 4
  If rs.RecordCount > 0 Then
    GetTestType = rs!考试类别
  Else
    GetTestType = ""
  End If
  CloseDataFile
End Function

Private Sub Combo1_Click()
  Combo2.ListIndex = Combo1.ListIndex
  ShowData
End Sub

Private Sub Combo2_Click()
  Combo1.ListIndex = Combo2.ListIndex
  ShowData
End Sub

Sub ShowData()
  OpenDataFile "xsgl.mdb"
  rs.Open "select * from Credit where (学号 = '" & Combo1.Text & "')", conn, 1, 4
  MSFlexGrid1.Rows = 1
  If rs.RecordCount > 0 Then
    Do While Not rs.EOF
      MSFlexGrid1.Rows = MSFlexGrid1.Rows + 1
      MSFlexGrid1.TextMatrix(MSFlexGrid1.Rows - 1, 0) = rs!学号
      MSFlexGrid1.TextMatrix(MSFlexGrid1.Rows - 1, 2) = rs!课程编号
      If Not IsNull(rs!考试类别) Then MSFlexGrid1.TextMatrix(MSFlexGrid1.Rows - 1, 5) = rs!
考试类别
      If Not IsNull(rs!成绩) Then MSFlexGrid1.TextMatrix(MSFlexGrid1.Rows - 1, 6) = rs!
成绩
      If Not IsNull(rs!备注) Then MSFlexGrid1.TextMatrix(MSFlexGrid1.Rows - 1, 7) = rs!
备注
      rs.MoveNext
    Loop
  End If
```

```
    For I = 1 To MSFlexGrid1.Rows - 1
      MSFlexGrid1.TextMatrix(I, 1) = GetName(MSFlexGrid1.TextMatrix(I, 0))
      MSFlexGrid1.TextMatrix(I, 3) = GetCourse(MSFlexGrid1.TextMatrix(I, 2))
      MSFlexGrid1.TextMatrix(I, 4) = GetTestType(MSFlexGrid1.TextMatrix(I, 5))
    Next
    CloseDataFile
    MSFlexGrid1.Row = 0
  End Sub

  Private Sub Command1_Click()
    If MSFlexGrid1.Row = 0 Then
      MsgBox "请选择要登记的课程项目!", vbCritical, "错误提示"
      Exit Sub
    End If
    OpenDataFile "xsgl.mdb"
    conn.Execute "update Credit set 备注='" & Text3 & "',成绩='" & Text4 & "' where ( 学号='" &
Combo1.Text & "' and 课程编号='" & Text1 & "')"
    CloseDataFile
    ShowData
  End Sub

  Private Sub Form_Load()
    MSFlexGrid1.Cols = 8
    MSFlexGrid1.Rows = 1
    MSFlexGrid1.TextMatrix(0, 0) = "学号"
    MSFlexGrid1.ColWidth(0) = 1000                        '设置列宽度
    MSFlexGrid1.TextMatrix(0, 1) = "姓名"
    MSFlexGrid1.ColWidth(1) = 1000
    MSFlexGrid1.TextMatrix(0, 2) = "课程编号"
    MSFlexGrid1.ColWidth(2) = 1000
    MSFlexGrid1.TextMatrix(0, 3) = "课程名称"
    MSFlexGrid1.ColWidth(3) = 1000
    MSFlexGrid1.TextMatrix(0, 4) = "考试类别"
    MSFlexGrid1.ColWidth(4) = 1000
    MSFlexGrid1.TextMatrix(0, 5) = "类别编号"
    MSFlexGrid1.ColWidth(5) = 1000
    MSFlexGrid1.TextMatrix(0, 6) = "成绩"
    MSFlexGrid1.ColWidth(6) = 600
    MSFlexGrid1.TextMatrix(0, 7) = "备注"
    MSFlexGrid1.ColWidth(6) = 1000
    For I = 0 To 7
      MSFlexGrid1.ColAlignment(I) = 3
    Next
    LoadData                                              '加载数据
    MSFlexGrid1.Row = 0
  End Sub

  Private Sub MSFlexGrid1_Click()
    Text1 = MSFlexGrid1.TextMatrix(MSFlexGrid1.Row, 2)
```

```
  Text2 = MSFlexGrid1.TextMatrix(MSFlexGrid1.Row, 3)
  Text3 = MSFlexGrid1.TextMatrix(MSFlexGrid1.Row, 7)
  Text4 = MSFlexGrid1.TextMatrix(MSFlexGrid1.Row, 6)
End Sub
```

主界面的相关代码如下。

```
Private Sub kcxx_Click()
  Form1.Show
End Sub

Private Sub kslb_Click()
  Form2.Show
End Sub

Private Sub tcxt_Click()
  End
End Sub

Private Sub xscj_Click()
  Form5.Show
End Sub

Private Sub xsjbxx_Click()
  Form3.Show
End Sub

Private Sub xsxk_Click()
  Form4.Show
End Sub
```

项目小结

这是一个完整的管理系统，虽然功能不是很多，但可以体验到信息管理系统的开发过程。

由于程序较多，全都在课堂中完成有一定的困难，必须利用课外时间，逐模块录入、调试，直到完成。

在系统开发中，不同模块中很多代码是相似的，为了提高开发效率，可以采用复制、修改的方法进行编码，避免逐字录入的重复劳动。

在临摹中学习编程，最忌讳的是对代码不知甚解的全盘照抄。可以在老师的指导下仔细研读代码，努力理解程序含义。要知道软件工程中有一项重要的工作，就是软件测试，其中白盒法测试就是对所有代码进行判读，找出可能存在的问题。对书中给出的代码进行学习、阅读，也是一种很好的练习。在理解的基础上进行编程，效果将是相当不错的。

项目作业

根据学生信息管理系统的开发经验，可以开发很多类似的程序，如图书借阅管理系统、职工工资管理系统等。大家自己选择一个选题，参照学生信息管理系统，开发一个实用的管理系统，并为该系统编写使用手册，最后打包发行。

参 考 文 献

[1] 高春艳等. Visual Basic 开发实战宝典[M]. 北京：清华大学出版社，2010.
[2] 教传艳等. Visual Basic 6.0 程序设计完全自学手册[M]. 北京：人民邮电出版社，2009.
[3] 陈学东等. Visual Basic 6.0 程序设计实验教程[M]. 北京：电子工业出版社，2007.
[4] 美国微软公司(Microsoft Corporation)MSDN 网站. http://msdn.microsoft.com/zh-cn/default.aspx.